JN006878

	名称			説明
	端子台（3P）	なし	⊠⊠⊠	試験では、タイムスイッチ、自動点滅器の代わりに用いる
	端子台（5P）	なし	⊠⊠⊠⊠⊠	試験では、ブレーカー、漏電ブレーカーの代わりに用いる
	端子台（6P）	なし	⊠⊠⊠⊠⊠⊠	試験では、リモコンリレーの代わりに用いる
	埋込連用パイロットランプ	○	○	電圧を加えると光る 同時点灯や異時点灯などで主に確認のために用いる
	埋込連用取付枠	なし	なし	コンセント、スイッチ、パイロットランプなどを取り付ける際に使用する
	引掛シーリング（角型）	( )	( )	照明器具などへの電力を供給するためのもの
	引掛シーリング（丸型）	(( ))	(( ))	角型より引掛けることができる重量が大きい
	ランプレセプタクル	Ⓡ	Ⓡ	電球に電力を供給する部品
	アウトレットボックス	□	⬚	この中で電線を結線する 電線管を接続することができる
	ネジなし電線管	(E19)	(E19)	ネジが切られていない電線管 試験では（E19）を用いる
	ネジなしボックスコネクタ	なし	なし	ネジなし電線管をアウトレットボックスに接続する部品
	絶縁ブッシング	なし	なし	ボックスコネクタからケーブルの被覆を保護するもの
	合成樹脂製可とう電線管	(PF16)	(PF16)	隠蔽配管、露出配管に使用する（「可とう」は、曲げやすいという意味） 試験では（PF16）を用いる
	合成樹脂製可とう電線管用ボックスコネクタ	なし	なし	合成樹脂製可とう電線管をアウトレットボックスに接続するもの

		画像	なし	なし	
		ゴムブッシング	なし	なし	ボックスの穴やケーブルを保護する継手
		リングスリーブ	なし	なし	電線の接続をする部品 ※詳しくは「リングスリーブの大きさと圧着マーク一覧」を参照
		差込形コネクタ	なし	なし	電線の接続をする部品 試験では2、3、4本用を使用

器具ごとの外装・絶縁被覆の剥ぎ取り量一覧

対象の器具	埋込連用コンセント	埋込連用タンブラスイッチ	位置表示灯内蔵スイッチ	3路スイッチ	4路スイッチ
外装の量	100mm(10cm)				
被覆の量	10mm		12mm		

対象の器具	パイロットランプ	2口コンセント	接地極接地端子付きコンセント	250V、20A接地極付きコンセント	露出型コンセント
外装の量	100mm(10cm)				40mm(4cm)
被覆の量	12mm				20mm

対象の器具	引掛シーリング（角型）	引掛シーリング（丸型）	配線用遮断器	端子台	ランプレセプタクル
外装の量	20mm(2cm)		50mm(5cm)		50mm(5cm)
被覆の量	10mm		10mm		20mm

対象の器具					
	リングスリーブ(小・中)		差込形コネクタ(2・3・4本用)		
外装の量	100mm(10cm)				
被覆の量	30mm※		12mm		

※ 30mm あると作りやすいが、リングスリーブからはみ出す量が多くなってしまう可能性があるので、技能試験チェック項目を確認し、適切な長さにカットすることをおススメする。

自分でできる技能試験チェック項目

- ☐ 1 完成していますか？
- ☐ 2 誤接続・誤結線はありませんか？
- ☐ 3 ＜VVR線がある場合＞ VVR の介在物が抜けていませんか？
- ☐ 4 寸法が配線図の 50% 以下になっていませんか？
- ☐ 5 リングスリーブの選択と圧着マークは合っていますか？
- ☐ 6 リングスリーブを上から見て、心線がすべて見えますか？
- ☐ 7 リングスリーブの心線が上に 5mm 以上出ていませんか？
- ☐ 8 リングスリーブの心線が下に 10mm 以上出ていませんか？
- ☐ 9 ＜ネジ締め端子器具[1]がある場合＞ 電線を引張っても外れませんか？
- ☐ 10 ＜ネジ締め端子器具[1]がある場合＞ 端子台の端から心線が 5mm 以上出ていませんか？
- ☐ 11 ＜ネジ締め端子器具[1]がある場合＞ 絶縁被覆を締め付けていませんか？
- ☐ 12 差込形コネクタの先端を目視して、心線が見えますか？
- ☐ 13 ランプレセプタクル・露出型コンセントの心線は、きちんと1周巻けていますか？
- ☐ 14 ランプレセプタクル・露出型コンセントの心線は、右巻きですか？
- ☐ 15 ランプレセプタクル・露出型コンセントのカバーは、締まりますか？
- ☐ 16 ＜ネジなし端子器具[2]がある場合＞ 電線を引張っても外れませんか？
- ☐ 17 ＜管工事がある場合＞ 「管」を引張っても外れませんか？
- ☐ 18 取付枠の表裏は、正しいですか？

[1] ネジ締め端子器具：端子台、配線用遮断器、ランプレセプタクル、露出型コンセントなど
[2] ネジなし端子器具：スイッチ（片切・3路・4路）、コンセント、パイロットランプ、引掛シーリングローゼットなど

試験で使用する主な器具と記号一覧

写真	名称	単線図記号	複線図記号	説明
	埋込連用コンセント	(記号)	(記号)	一般的な1口コンセント
	埋込コンセント（2口タイプ）	(記号)₂	(記号)₂	2口コンセント
	埋込コンセント（接地極接地端子付き）	(記号)EET	(記号)EET	記号のEETの「E」は接地極、「ET」は接地端子付きを示す
	埋込コンセント（250V、20A、接地極付き）	(記号)E20A 250V	(記号)E20A 250V	250Vまでかつ20A対応のコンセント
	露出型コンセント	(記号)	(記号)	埋込器具を取り付けられない場合などに使用する
	埋込連用タンブラスイッチ	●	(記号)	一般的な片切スイッチ ON/OFFの操作をする
	埋込連用タンブラスイッチ（位置表示灯内蔵）	●ₕ	(記号)	通称：ホタルスイッチ 記号の「H」はホタルのHと覚える
	埋込連用タンブラスイッチ（3路）	●₃	(記号)	3路スイッチ
	埋込連用タンブラスイッチ（4路）	●₄	(記号)	4路スイッチ
	配線用遮断器（100V、2極1素子）	B	B	記号の「B」はブレーカーのB 試験では極性間違いに注意

各ケーブルの名称と構造一覧

名称	構造	名称	構造
VVF 1.6-2C	ビニルシース　ビニル絶縁体　導体　ビニルシース	EM-EEF 2.0-2C	
VVF 1.6-3C		IV 1.6（黒）	
VVF 2.0-2C		IV 1.6（赤）	
VVF 2.0-3C（黒・白・赤）		IV 1.6（白）	
VVF 2.0-3C（黒・赤・緑）		IV 1.6（緑）	
VVR 1.6-2C	押さえ巻きテープ　ビニル絶縁体　ビニルシース　導体　介在　ビニルシース	裸軟銅線 1.6（ボンド線）	
VVR 2.0-2C			

リングスリーブの大きさと圧着マーク一覧

小スリーブ			中スリーブ		
1.6mm	2.0mm	圧着マーク	1.6mm	2.0mm	圧着マーク
2本	0本	○（極小）	5～6本	0本	中
3～4本	0本	小	0本	3～4本	中
1～2本	1本	小	1～3本	2本	中
0本	2本	小	3～5本	1本	中

• リングスリーブには「小」「中」「大」の3種類のサイズがある（技能試験で使われるのは小と中）

リングスリーブの大きさの覚え方

1.6mmの線は1本、2.0mmの線は1.6mmの線が2本と考えます。

4本までは「小」、5本以上は「中」になります。

例 (1.6mm)×2本 ＋ (2.0mm)×1本 の場合
　　　↓　　　　　　　↓
　1本　×2 ＋ 2本　×1 ＝ 4本 なので「小」

(1.6mm)×1本 ＋ (2.0mm)×2本 の場合
　　　↓　　　　　　　↓
　1本　×1 ＋ 2本　×2 ＝ 5本 なので「中」

小スリーブには1.6mmの線を4本まで、2.0mmの線を2本まで、中スリーブには1.6mmの線を5～6本、2.0mmの線を3～4本まで入れることができます。

リングスリーブ(小)

リングスリーブ(中)

候補問題ごとの出題部材一覧

部材	備考	候補問題												
		1	2	3	4	5	6	7	8	9	10	11	12	13
埋込連用コンセント			2	3	4	5					10	11	12	13
埋込コンセント	2口		2											
埋込コンセント	接地極接地端子付き									9				
埋込コンセント	250V、20A、接地極付き					5								
露出型コンセント							6							
埋込連用タンブラスイッチ		1	2	3	4	5				9	10	11	12	13
埋込連用タンブラスイッチ	位置表示灯内蔵	1												
埋込連用タンブラスイッチ	3路						6	7						
埋込連用タンブラスイッチ	4路							7						
配線用遮断器	100V、2極1素子										10			
端子台（3P）	タイムスイッチ、自動点滅器の代用			3										13
端子台（5P）	ブレーカー、漏電ブレーカーの代用					5								
端子台（6P）	リモコンリレーの代用				4				8					
埋込連用パイロットランプ			2								10			
埋込連用取付枠		1	2	3	4	5	6	7		9	10	11	12	13
引掛シーリング	角型	1		3	4		6				10	11	12	
引掛シーリング	丸型								8	9				
ランプレセプタクル		1	2	3	4	5		7	8	9	10		12	13
アウトレットボックス								7	8			11	12	
ネジなし電線管	E19											11		
ネジなしボックスコネクタ												11		
絶縁ブッシング												11		
合成樹脂製可とう電線管	PF16												12	
合成樹脂製可とう電線管用ボックスコネクタ													12	
ゴムブッシング	19mm、25mm							7	8			11	12	
リングスリーブ	小	1	2	3	4	5	6	7	8	9	10	11	12	13
リングスリーブ	中									9	10	11		
差込形コネクタ	2本用	1		3	4		6	7		9		11	12	13
差込形コネクタ	3本用	1	2	3	4		6	7		9	10		12	13
差込形コネクタ	4本用		2	3		5			8					13
VVF 1.6-2C		1	2	3	4	5	6	7	8	9	10	11	12	13
VVF 1.6-3C		1	2	3	4		6	7		9	10		12	13
VVF 2.0-2C			2	3	4	5	6	7		9	10	11	12	13
VVF 2.0-3C	黒・白・赤				4									
VVF 2.0-3C	黒・赤・緑					5								
VVR 1.6-2C														13
VVR 2.0-2C									8					
EM-EEF 2.0-2C		1												
IV 1.6	黒											11	12	
IV 1.6	赤											11	12	
IV 1.6	白											11	12	
IV 1.6	緑									9				
裸軟銅線 1.6	ボンド線													

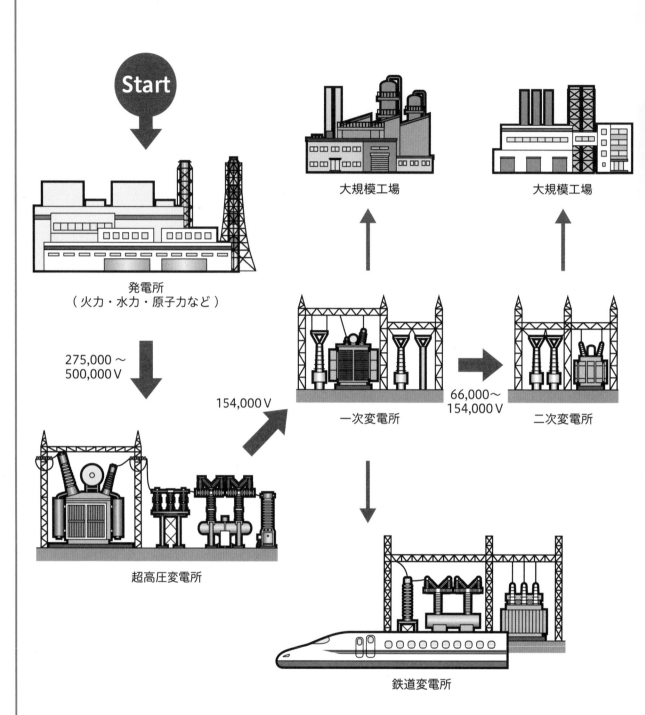

Start

発電所
（火力・水力・原子力など）

275,000～
500,000 V

154,000 V

超高圧変電所

一次変電所

66,000～
154,000 V

二次変電所

大規模工場

大規模工場

鉄道変電所

電気の経路

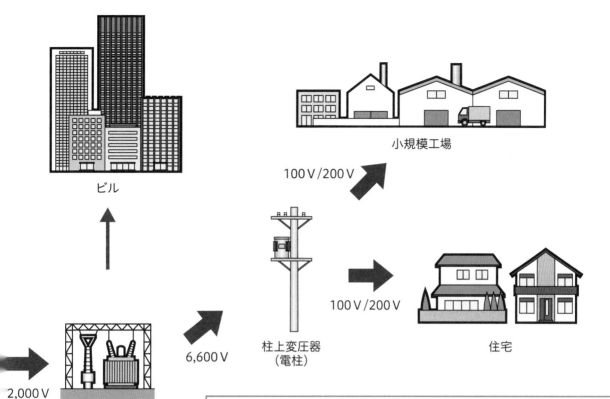

ビル

小規模工場

100 V/200 V

100 V/200 V

6,600 V

柱上変圧器
（電柱）

住宅

2,000 V

配電用変電所

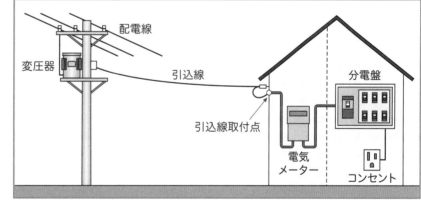

配電線

変圧器

引込線

引込線取付点

電気
メーター

分電盤

コンセント

〈接地側電線と非接地側電線〉

白色：接地側電線
赤色と黒色：非接地側電線
緑色：接地線

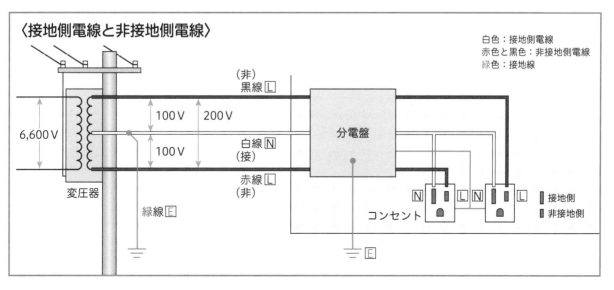

（非）
黒線 L

100 V   200 V

6,600 V

100 V

白線 N
（接）

赤線 L
（非）

分電盤

変圧器

緑線 E

コンセント

N   L N   L

接地側
非接地側

E

「第二種電気工事士」、この資格を知ったのは小学4年生のときでした。この資格を取得するまでに自分自身で越えなくてはならない壁がいくつもあって、その1つが単線図と複線図の考え方でした。

　僕は、技能試験で出される問題を中心に何度も何度も複線図を書きました。Step by Step！この本を読んでくださる人の中には、僕より先に電気の世界に入ってこれから資格を取得しようとする人以外に、小学生や中学生もいるかもしれません。

　この本を通じて皆さんと一緒に、さらに学びを深めることができるといいなと思います。

著者　　浅沼　琉音

・・

　電気工事士の技能試験は、複雑な技術の理解度が試される専門性の高い試験です。特に難関パートである複線図を理解するには、電流の流れをイメージできるようになることが大切です。

　本書は、「技能試験合格」をコンセプトに、最初は線をなぞるところから始め、最終的には実際の候補問題の複線図が解ける構成になっています。また、要所で合格・不合格ポイントを明示しており、効率の良い試験対策ができます。さらに、技能試験に合格するためのノウハウも盛り込まれています。

　受験者の皆様の合格を祈っています。

監修者　　石井　義幸

現役中学生が書いた

第二種電気工事士
複線図ステップ学習術

石井 義幸 監修 ・ 浅沼 琉音 著

目次

小・中学校の理科 電気の基本を 復習してみよう

第1部

小・中学校の理科
電気の基本を復習してみよう

「電気って何？」

　単線図や複線図の仕組みを知るには、まずは電気とは何かを知っておく必要があると思います。電気は目に見えないけれど、家では照明器具やエアコン、電子レンジなどを動かしています。もっと大きな規模になると、電気自動車や工場などでポンプを動かしたりすることもできます。

　電気は導線（後述）を通って、そのエネルギーを伝えていることを小学校で習いますが、このとき、導線の中ではどのようなことが起こっているのでしょうか？　電気という物質が導線を通っているのでしょうか？　実は、電気が流れている導線では、非常に小さな単位で粒子が動いています。電気は金属の中の「自由電子」という電子が動くことでエネルギーを運搬します。電気（電流）は、プラスからマイナスに流れるのに対して、電子は−から＋に動きます。

「導線って何？」

　導線は「導体」と呼ばれるものでできた、電気を通すための線（ワイヤー）です。導体は簡単に言うと金属のことで、電気を通しやすい性質をもった物質です。

導体	半導体	不導体（絶縁体）
・金 ・銅 ・鉄 ・アルミニウム など	・シリコン ・ゲルマニウム ・セレン ・ケイ素 など	・ガラス ・ゴム ・プラスチック ・エボナイト など

導体：電気を通しやすい性質をもつ物質のこと
半導体：導体と不導体の両方の性質をもつ物質のこと
不導体（絶縁体）：電気を通しにくい性質をもつ物質のこと

「回路って何？」

小学校では、

① 導線（電気を通す）

② 電源（電気を送る、起こす）

③ 電気機器（電気を消費する）

の3つの要素が下の図のように、つながって配置されていることを習います。

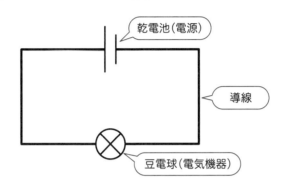

その考え方も間違えではありませんが、一歩進んで次の要素で覚えてみてください。

① 抵抗

② コンデンサー

③ インダクター

④ 電流源

⑤ 電圧源

世の中にある多くの回路は、この5つの要素に分けられます。もちろん、スーパーコンピューターもスマートフォンもそうです。

これらをふまえて、小学校で電気をどのように学んできたのか振り返ってみます。

「小学校で学んだ電気の復習をする」

（1）小学3年生 「回路を知る」

僕たちの生活の中で、電気を1番身近に感じるものは「灯り」ではないかと思います。

・懐中電灯、ペンライト

・家の中の照明、学習机の電気スタンド（スイッチでON/OFFできる）

・工事現場などの大きな照明や街灯

・テーマパークなどの夜のイルミネーション

などです。電気が使われていると感じられると思います。

初めて電気を学ぶ小学3年生では、主にどういうものが電気を通すか知るための実験や、乾電池と豆電球、導線を使って、どうすれば豆電球の灯りがつくかを考えます。

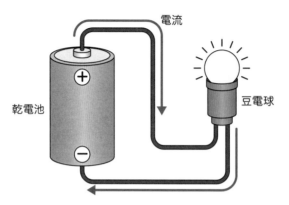

豆電球と乾電池、これが最初に学ぶ「電気」

　乾電池のプラス極、豆電球・乾電池のマイナス極が導線でつながっているときに灯りがつきます。当たり前のこの実験が電気の基本です。
　電気の通り道が1つの輪のようになっていると電気が通りますが、この電気の通り道を「回路」と呼びます。

　電気を通すものと通さないもの（例）
　通す…………鉄、銅、アルミニウム
　通さない……プラスチック、紙、木、ゴム、ガラス

　小学3年生では、身近なものを使って電気を通す物質かどうか（「導体」か「不導体（絶縁体）」か）を調べます。
　ところで人間の身体は電気を通すかどうか疑問に思いませんか？「人間の身体は金属ではないから電気を通さない」と答える人はあまりいないと思いますが、人間の身体は、脳から内臓、筋肉へ微弱な電気で指令が送られ、動かすことができます。電気抵抗がとても小さい導体です。なので、人間の身体は電気の通り道になり得るので、電気を扱う作業のときには感電しないように注意が必要です。

（2）小学4年生 「モーターから考える」
　回路の中を流れる電気を「電流」と呼び、その電流には向きがあります。小学4年生になると電気の実験で使う機器も増えて、スイッチ、モーター、簡易検流計が登場しますが、モーターにプロペラなどをつけて、回り方や強さなどを実際に確認しながら簡易検流計を使って数字を

見ることもできるようになります。

　また、電池を増やしたり、豆電球を増やしたりして電流の大きさを学びます。乾電池のつなぎ方（「直列つなぎ」、「並列つなぎ」）によって回路に流れる電流や電圧の大きさが変わるため、回路にあるモーターの回る速さや、照明の明るさが変わります。

① 直列つなぎ

　乾電池を直列につなぐと、乾電池1個のときより流れる電流が強くなります。このとき、乾電池を1個外すと回路が途切れてしまうので、電流は流れません。

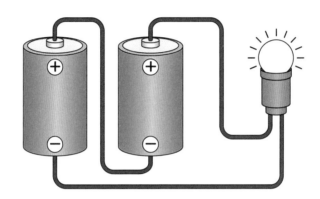

② 並列つなぎ

　乾電池を並列につないでも、乾電池1個のときと流れる電流の大きさは変わりません。並列つなぎで片方の乾電池を外しても回路になっているので、電流は流れます。乾電池1個のときと電流の大きさが変わらないからといって並列つなぎにする意味がないわけではなく、例えば、乾電池2個の並列つなぎでは、1個の電池から流れる電流の大きさが半分になるので、乾電池の寿命が長くなるのです。

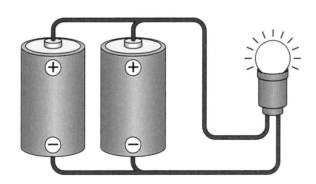

　ここまで回路を絵で説明しましたが、小学4年生になると記号を使った回路の表し方を学びます（次ページ参照）。回路が複雑になっても簡単に表せるようになり、よりわかりやすくなります。単線図、複線図を学ぶ前の基本です。

［電気用図記号］

| 乾電池(電源) | スイッチ | 豆電球 | モーター | 簡易検流計 |

学校で簡易検流計はⒶとして習いますが（Ⓐは電流計を表します）、JIS 規格ではⒼなので、ここではⒼの記号にしています。

(3) 小学5年生 「電磁石と出会う」

小学5年生では、金属の棒に導線をひたすら巻いて「コイル」を作って電磁石を作りました。電気を通すと磁石になる実験・考察です。電磁石は、僕たちの生活にも密接な関係があると学びました。モーターなどにもその技術が使われています。

磁石にはN極とS極がありますが、電磁石にももちろんN極、S極があり、電流の流れる向きを反対にすると電磁石のN極とS極も反対になります。その応用で、乾電池を直列につないでコイルの巻き数を多くすると、電磁石のパワーは強くなります。磁石のパワーを電気の力で自在にコントロールできる技術は、本当にスゴイと思います。

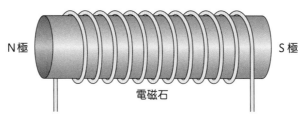

N極　　　　　　　　　　　　　　　　　　　　S極

電磁石

電気と磁石の性質を利用したものが、社会にはたくさんあります。携帯電話のような身近なものから、普及してきている電気自動車、今後開業予定の中央新幹線（超電導リニア）もそうです。

(4) 小学6年生 「暮らしの中の電気」

① 発電方法

僕たちが使っている電気の多くが発電所で作られていること、その電気が送電線を経由して工場や学校、家に届いていることが教科書に書かれていました。1つの大きな回路になっているのですね。

では、電気を作ったり、電気をためたりするにはどうしたらいいのでしょうか？

●手回し発電機

ハンドルを回して電気を作る器具。災害時にも役立つことから、さまざまなタイプのものが売られています。

● 光電池（ソーラーパネル）

光を当てて電気を作ります（太陽エネルギーの利用）。家の屋根に載っている大きなものから、携帯電話の充電器、電子工作に利用できる安価な小さいものまで身近に見ることができます。

● コンデンサー

聞きなれない言葉かもしれませんが、作った電気をためる器具です。小学校の理科の実験では電気をためるために使われます。コンデンサーには、充電・放電を繰り返して電圧を一定に保つことや、直流は通さず交流だけを通す働きがあります。

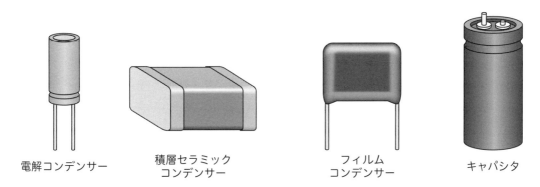

電解コンデンサー　　積層セラミックコンデンサー　　フィルムコンデンサー　　キャパシタ

学校では、これらの器具を使った小さな回路を用いる実験を通して電気を作ることや電気をためることを学習します。これを社会に当てはめると、暮らしに欠かせない電気が発電所で作られ、何本もの送電線を経由して、僕たちの生活に必要な電気が供給されることがわかります。発電方法にはいくつかの種類があり、それぞれメリット・デメリットがありますが、今の日本では石油、石炭、天然ガスを燃やす火力発電が全体の70%以上を占めています。

● 火力発電

燃料を燃やした熱のエネルギーで水蒸気を発生させて発電します。

メリット―発電する電気の量が調整できる。

デメリット―燃料には限りがあり、二酸化炭素を発生させる。研究が進んで二酸化炭素の排出量を抑える方法も出てきているが、世界で掲げられているSDGsの理念には逆行している。

● 水力発電

高い位置から水を落下させ、水車を回して発電します。

メリット―自然の雨、雪などをダムにためて使用するので、環境に悪い影響を与えない。

デメリット―ダムを建設するため、周りの自然環境を壊してしまう可能性がある。雨が降らないとダムの水が枯渇してしまう。

● 風力発電

風を利用してプロペラを回して発電します。

メリット―風があれば発電できる。

デメリット—風が弱いと発電量が少ないため、安定した電気の供給が難しい。プロペラが回るときに大きな音がしてうるさい。風が強過ぎるときは発電できない場合もある。

● 太陽光発電

　再生可能エネルギーを使って発電する方法の代表選手。光が当たると電気を作り出す光電池（ソーラーパネル）を使って発電します。昔はすごく高価だったようですが、今は一般家庭にも普及しています。

　メリット—太陽エネルギーはなくならない。環境に影響を与えない。

　デメリット—天気の影響を受けるので、安定した電気の供給が難しい。たくさんの電気を発電するためには、光がよく当たる角度にたくさんの光電池を設置する必要がある。

● 原子力発電

　日本の電気供給の二番手。ウランの核分裂の熱エネルギーで水蒸気を発生させて発電します。

　メリット—大きなエネルギーが利用でき、二酸化炭素が発生しない。

　デメリット—管理が非常に難しい。地震、津波、人的なものも含め、事故が一度起こってしまうと広範囲、数十年以上に渡って放射線の被害が出る。

　これからの再生可能エネルギーとして注目されている発電方法は、以下の通りです。しかし、まだまだ主力の発電方法ではありません。

- 水素発電
- 地熱発電
- 波力発電
- バイオマス発電

② 変化する電気

　電気は光、音、熱、動き（運動）に変わる性質があります。僕たちは朝起きてから夜寝るまで電気を使わない日はありません。電気を使った道具を当たり前のように使っているので、改めて電気について考えることはあまりないかもしれません。

　照明機器は電気の力を光に変えています。テレビは光と音です。冷蔵庫、エアコン、ドライヤーなどは熱を出したり冷却させたり、また風を起こしたりする動きにも変化します。そのほか、電気製品はいろいろあります。

　小学６年生ではさらに、発光ダイオード（LED）と豆電球で使う電気の量を比べる実験を行い、豆電球より発光ダイオードの方が電気を使う量が少ないことを学びます。僕の家の照明は、ほとんどが LED 照明です。僕が生まれる前は、蛍光灯や白熱灯を使っていたと教えてもらいましたが、消費電力がより少なく長持ちする LED に置き換わっていきました。家の中だけでなく、学校の体育館の照明（以前は水銀灯が主流）、光電池を組み合わせた街灯や、より色が見やすくなった信号機など、いろいろ変化しています。技術の進歩で、より消費電力が少なく、

コストがかからない製品も開発されていますが、電気は湧いてくるものではなく、僕たちが意識して大切に利用していくものだと思います。

③ 輪番停電の経験

「輪番停電（計画停電）」という言葉を知っていますか？ 電力の供給量が間に合わないときに計画的に地域、時間を区切って送電を止める（停電させる）ことです。輪番停電を実施することで送電の周波数が低下して大規模な停電を防ぐことができます。

東日本大震災のときに福島の原子力発電所が大きな被害を受けました。さらに、多くの発電所が停止してしまい、僕たちの暮らしで必要なすべての電力を供給することが難しくなりました。当時僕は2歳でした。すべてを覚えているわけではないですが、そのときは千葉県千葉市に住んでいて、輪番停電を経験しました。昼間の停電はあまり記憶にないのですが、夜の停電のときは、母がライトを用意してくれました。夕食時、ロウソクを買おうとしてもどこのお店も売り切れで、サラダ油とティッシュペーパーで細い紐のようなものを作り、それを芯にして火を灯して、みんなでご飯を食べたそうです。僕にとっては辛い思い出ではないのですが、大変だったと言っていました。僕たちがそういった生活を送っているときに、発電所の人や電気工事士の人たちが、自分や家族が被災しているにもかかわらず、社会の「電気の回路」を復旧させてくれていたことを、電気工事士の勉強を始めてから改めてスゴイと思うようになりました。

輪番停電のときの写真

暖房が使えなかったので部屋の中で上着を着ています。キラキラのライトは、お祭りのときに祖母に買ってもらったもの。

(5) 中学生

中学校に入ると、電気についてさらに学びます。小学3年生から6年生まで少しずつ学んできた基礎に、新たに電流の知識を加えた電流初級編といった感じです。「電流と回路」、「電流と磁界」、「電流の正体」でより詳しく、用語、エネルギーを利用するための計算（公式）などが出てきて、覚えることがたくさんあります。

小学校では、電流の流れる向きが常に一定で変わらない「直流」のみに焦点を当てていますが、中学校では「交流」を学びます。「交流（AC）」は、自宅のコンセントから流れる電流で、電流の

向きが短い時間に入れ替わります。「AC アダプター」という言葉は生活の中でも耳にしますよね。AC アダプターは小さな変圧器で、電圧を家の電気器具に合わせた大きさにして交流を直流に変えています。

　僕たちが使う電気が発電所から送られてきていることは小学生のときに学びました。発電所からは交流の電気で家まで送られてきますが、今の電化製品は直流で動くものが多いです。例えば、テレビやパソコンも直流で動いています（制御にコンピューターを使っているためです）。交流で動く洗濯機やエアコン、IH クッキングヒーターも内部でいったん直流にして、動作に都合の良い周波数の交流を作り出す仕組みが増えています。では、なぜそんな面倒なことをするのでしょうか？

　電気が発明された頃、直流での送電を推し進めていた人がいます。皆さんも知っているトーマス・エジソンです。でも、エジソンの弟子のニコラ・テスラが交流の利点に気づき、ジョージ・ウェスティングハウスと一緒に交流の発電・送電方式を推し進めました。交流の利点は、電圧を簡単に変換できることです。送電線で熱として失う分は電流の２乗×抵抗で求められます。そして、電力は電圧×電流なので、電圧を上げて電流を下げることで、電力は同じままで送電線による電力の損出を抑えることができます。

　今は半導体で容易に直流電圧を変換できますが、半導体がなかった昔は DC モーターで DC 発電機を回すしかありませんでした。また、交流から直流に変換するのも真空管などで可能だったので、なおさら交流での送電が有利だったそうです。でも、直流にメリットがないわけではなく、北海道・本州間電力連系などの海底ケーブルでは、交流で送電すると、どうしても損出が大きくなってしまうので直流が使われているそうです。交流・直流、お互いのメリット・デメリットを考えて使い分けられているんですね。

　こうして振り返ってみると、少しずつ電気の基礎知識を、階段を上るように増やしていっていると感じます。電気工事士の免状を取得するための勉強は、学校では学ばない記号や配線図、工事をするための工具など、電気工事の世界では常識的なことでも一から覚えることが必要です。

	メリット	デメリット
直流	絶縁が簡単 表皮効果[1]がない	交流⇔直流の変換の設備が必要 電流の遮断が難しい 長距離送電での電圧降下[2]が大きい
交流	電流の遮断が簡単 電圧の変換がしやすい	絶縁を強化する必要がある

※1　表皮効果：交流の電流が導体を流れるときに導体の表面（外側）に電流が集中してしまう（電流密度が高くなる）現象のこと
※2　電圧降下：抵抗のある回路に電気を流したとき、その抵抗によって電圧の差が生じる（電圧が下がる）こと

　一見、学校の理科の電気の勉強は電気工事士の試験勉強とは別もののように思いますが、社会が電気というエネルギーで成り立っているので、電気工事士の仕事は重要で、大きな責任を担っているということも教科書で教えてほしいと思っています。

[参考文献]

大日本図書　たのしい理科3年
大日本図書　たのしい理科4年
大日本図書　たのしい理科5年
大日本図書　たのしい理科6年
大日本図書　理科の世界2

ショート回路は問題じゃない!?

学校では、下図の（b）のような「ショート（短絡）回路※はダメ」だと言われます。

※乾電池のプラス・マイナス極に（電気が流れにくい）豆電球などをつながず、直接導線などでつないだ回路のこと

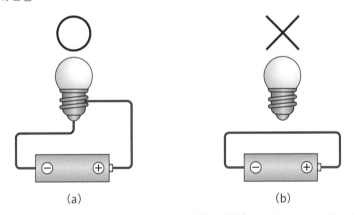

(a)　　　　　　　　　　　　　　　　(b)

　でも実は、別の観点から見ると、ショート回路は間違いではないのかもしれません。

　回路の構成に必要なことは何だと思いますか？　学校の理科では、電源・導線・抵抗だと習います。ということは、図の（b）は抵抗となる豆電球などがないので、正しい回路とは言えません。でも、導線も抵抗としてとらえることができます。抵抗は、電気の通しにくさを「抵抗値」、単位をΩ（オーム）で表します。導線は、抵抗値が非常に小さい抵抗です。電子レンジが10Ωくらいなのに対して、導線は0.01Ωと約1,000分の1です。なので、ショート回路は必ずしも間違えた回路ではないのです。

　ただし、大きな電流が流れて危険であることに変わりはないので、実際に試したりしないようにしてください。

単線図を知ろう

第2部

単線図を知ろう

「単線図って何？」

　単線図は、電気回路全体の機器の構成や容量、接続を表す図のことで、工事を担当する電気工事士に「ココとココがつながっているから、このように工事しましょう」と指示をするものです。「ココ」とは、電源やコンセント、スイッチ、照明などの負荷を指します。プラモデルやミニ四駆の設計図のように、詳しく指示してくれれば単線図はいらないと思いますが、そうもいかず…。小さな部屋の配線であればまだしも、一般住宅、店舗、工場など大きな施設になればなるほど、電気の配線は大規模かつ複雑になります。まるでゴチャゴチャしたコード類をまとめるかのように、電気工事に必要な指示を1本の線で簡略化した面白い図なのです。

　電気工事士の試験には学科試験と技能試験がありますが、技能試験では単線図が書かれていて、受験者はその単線図を見て制限時間内に作品を完成させます。

　では、実際に単線図を見てみましょう。

　例1（a）は、簡単な単線図です。「ココ＝電池」と「ココ＝豆電球」がつながっていることを表しています。頭の中が小学校の理科のままだと、この図は何？　となってしまいますが、電源と負荷のつながりは明確です。

　例2（a）は、電気工事士っぽい単線図です。「ココ＝電源」と「ココ＝スイッチ」と「ココ＝ランプレセプタクル」がつながっていることを、最小限の線で表しています。

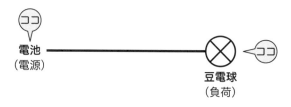

例1（a）　単線図

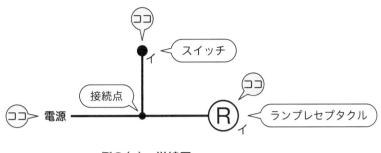

例2(a) 単線図

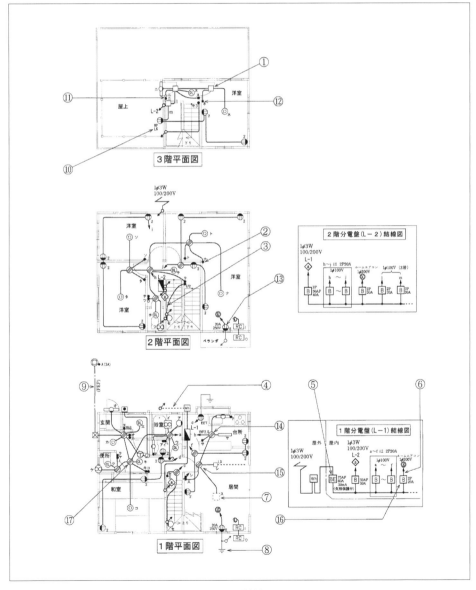

例3 単線図

出典：(一財)電気技術者試験センター、令和3年度第二種電気工事士下期筆記試験(午前)問題2.

例3は、学科（筆記）試験の終盤に出てくる一般住宅の指示図です。自分が住んでいる家を見てほしいのですが、部屋ごとに照明があってON/OFFをコントロールするスイッチもあります。テレビやパソコン、エアコンも使うので、コンセントもそれなりの場所に配置して1か所では足りません。このようにドンドン複雑になっていきます。「ココ」と「ココ」と「ココ」…と、負荷の数が多くなっても単線図が表す意味は変わることなく同じですが、簡単な指示図のはずが複雑に見えてしまいますね。

　僕は電気工事士の資格を取るために勉強を始めて、そのときに初めて「単線図」という言葉と考え方を知りました。単なる線？　単独の線？？　…単線っていったい何だろう？　と思いました。

　「単線図」は聞いたことがなくても、「単線」という言葉自体は普段よく耳にしていますよね。鉄道用語では、各駅間の線路が1本のみの場所（線路）を単線と呼びます。最低限の設備で列車の運行をするため、地方など列車利用者は少ないけれど、生活に必要な公共交通機関で使われています。運転手さんが車掌さんを兼任している列車も多く、僕の住んでいる地域ではよく見かける線路です。駅で列車が待ち合ってすれ違ったり、ポイントの信号などで列車の運行を調整したりしています。この場合の単線（線路）は、各駅間の「行き」と「帰り」は同じ線路です。でも、電気の場合は違っていて、（小学校の理科の復習になりますが）電気の通り道は「回路」で、行きと帰りでは違う道を通らなくてはなりません。なので、電気の単線図には行きと帰りの通り道を表す詳しい回路を示した図を新たに起こすことが必要になってくるのです。

　電気を勉強している人や、パソコンの配線などが詳しい人なら、単線と聞くと銅やアルミニウムを使った1本の線が中心にあるケーブルを思い浮かべて、「より線」という言葉があることも知っていると思います。より線は、何本もの細い導線をより合わせて作る導線です。先ほど書いた電車の線（電車の動力で、線路の上方にある電線）は、その特徴から単線が使われています。

　ちょっと寄り道になりますが、「単線」と「より線」の特徴を下記にまとめておきます。電線の種類と許容電流については筆記試験の過去問題にもあるので、もうすでに学習済みかもしれませんが、確認しておくとよいと思います。

	許容電流 （同じ直径であれば）	特徴
単線	大きい	固くて曲げづらい
より線	小さい	柔らかく取り回しやすい

　一般的に単線の太さは直径で表しますが、より線は表面積で表します。同じ直径であれば許容電流量は単線の方が大きくなりますが、同等の表面積の単線と、より線の許容電流量は同じになります。

「単線図で何がわかるの？」

電気工事を行うのに「単線図を見ても配線の仕方が何もわからない」では意味がありません（だから電気工事の国家資格を取得する必要があるのですね）。この簡単な図の中に、工事の指示がすべて含まれているというのが単線図のスゴさですが、単線図の見方のルールを知れば、誰でもこの線を攻略できます。

僕たちの家はまず基礎が作られ、建物がある程度できた時点で、ガスや電気の工事が入ります。施工の段階から見る機会はあまりありませんが、多くの電気の配線が床の下や壁の内側、天井を走っていて、線がアチコチ外に出ているのを見ることはほとんどありません。単線図では、どこに配線するかについても、線の種類を変えて書くことで表しています。参考に、表でまとめておきます。

配線図記号	線の種類
――――――――	天井隠蔽配線（実線）
― ― ― ― ― ―	床隠蔽配線（長い破線）
‐‐‐‐‐‐‐‐‐‐‐‐‐	露出配線（短い破線）
‐・‐・‐・‐・‐	地中埋設配線（鎖線）

「1階から2階へ上り下りする階段に照明が付いていて、1階のスイッチで照明を点灯させ、2階のスイッチで消すことができたり、2階のスイッチで照明を点灯させて1階のスイッチで消したりすることができる」

このような操作は「3路スイッチ」（後述）を使うのですが、それらの指示も単線図に表されていて、電気工事士はその単線図を次に説明する「複線図」にして作業をします。

「複線図って何？」

複線図は、単線図よりも実際に施工した形に近い図です。

電気のプラスやマイナスが正確に書かれていて、使う線の種類や本数、リングスリーブ（電線を接続するための部材）の数や大きさが一目でわかるようになっています。単線図を簡単な指示図とすると、複線図は詳しい説明図といった感じです。

電源と負荷だけの回路であれば複線図にするのは簡単ですが、電源と負荷の数が増えたり、スイッチが入ったりすると難しくなります。

例1（b）は、単線図のところで説明した例1（a）の簡単な単線図を複線図にしたものです。

まさに小学生のときに学習した回路です。電源から電気が豆電球（負荷）を通り、電源に戻る道がわかります。

例1（b）　複線図

　電気工事士っぽい例2（a）の単線図も複線図に起こしました。電気の通り道がわかります。それと同時に、線の本数や接続箇所もわかりやすいです。電気工事士はこの図をもとに実際の工事を進めていきます。

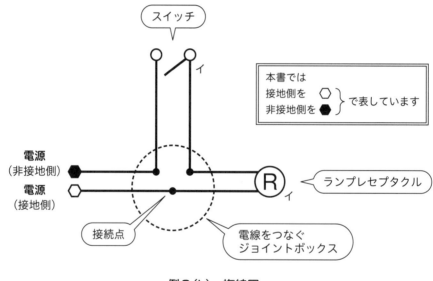

例2（b）　複線図

「単線図と複線図」

　ここまで単線図と複線図について説明しましたが、それぞれメリット・デメリットがあり、使われる場面が違います。電気工事士はもちろん両方理解する必要がありますし、単線図から複線図へ起こすための知識を学ぶ必要があります。メリットとデメリット、使われやすい場面を表にまとめておいたので、確認してみてください。

	メリット	デメリット	使われやすい場面
単線図	• シンプルでわかりやすい • 接続先がわかりやすい	• パッと見て詳細がわかり 　にくい • ボックス内での結線方法 　がわかりにくい	• 設計するとき • 保守や点検をするとき
複線図	• 接地側や非接地側が正確 　にわかる • ボックス内での結線方法 　がわかる	• 線が多い • 煩雑過ぎて見にくい	• 工事や施工をするとき

カラスは感電しないの？―電気はなまけもの

　電線に止まっているカラス（鳥）に、なぜ電気は通らないのでしょうか？

　ものには抵抗があります。抵抗は電気の流れにくさです。抵抗が小さい金属などは電気を通しやすいですが、木やカラスは抵抗が大きいので、大きな電圧を加えないと通ることができません。電気はなまけものなので、道（電気が通れるもの）が２つに分かれていると、抵抗が小さい方を通ります。電気抵抗が大きいカラスの足に行くより抵抗の小さい電線を通った方が楽です。このことから、カラスには電気が行かずに電線の方へ行くので、カラスは感電しないのです。住宅地などにある電柱の電線は、ゴムなどの電気を通しずらい素材でつつまれているので感電しません。鉄塔の高圧送電線（裸線）は、１本に止まっても感電しませんが、２本なら電圧の高低差により感電します。

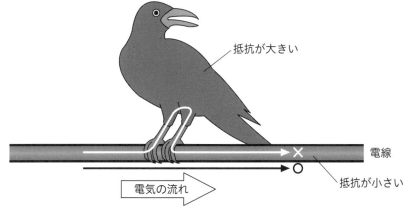

抵抗が大きい

電線

抵抗が小さい

電気の流れ

単線図から
複線図に
書き起こして
みよう

単線図から複線図に書き起こしてみよう

「超初級編−初級編に進むその前に」

単線図から複線図を起こすには、何と何をつなぐか、どこでつなぐかが大事ですが、まずは器具の名前や記号から覚えた方が僕はわかりやすいと思います。電線の種類、器具の名前と記号を覚えると実際の配線のイメージをつかみやすいからです。

電線は、電気の「行き」と「帰り」1本ずつの2本が基本です。複線図は、「接地側」と「非接地側」の2本の線が必要です。小学生のときに勉強した回路図では、電池から豆電球を経由して、また電池に戻らないと灯りはつきません。でも、僕たちが暮らしている家は電気の通り道が複雑で、2本線の電線をたくさんアウトレットボックス内などに通す必要がある場合は、いろいろな線が重なってしまいわかりずらくなります。そこで、わかりやすく機器の種類や接続の方法などを表したのが単線図です。

単線図は回路全体をわかりやすく表すことができますが、実際に配線するには、この単線図をもとの電線の本数に表し直した複線図が必要です。間違えたつなぎ方をしてしまうと、ブレーカーが落ちたり、ショートして火花が飛んだりするだけでなく、機器が壊れてしまったりして、とても危険です。命の危険もあります。なので、現場での作業に必要な単線図から複線図に起こす方法をしっかり覚えることがとても大切です。

第2部で単線図と複線図について説明しましたが、改めて小学校で習う回路図を用いて単線図と複線図を見てみましょう。

次ページ上の一番左にあるのが小学校で習う回路図です。真ん中が複線図、右が単線図です。電源と負荷（ランプ）のみの簡単な回路ですが、この3つは、ほぼ同じものを表しています（小学校で習う回路では、電源は乾電池です）。

複線図にある電源の◯は接地側、●は非接地側です。実際のコンセントなどの配線でも白は接地、黒は非接地というルールがあります。

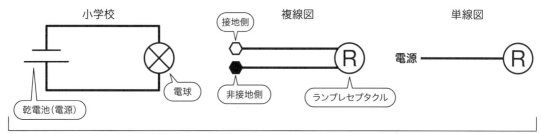

アウトレットボックスは、箱型の電気部材です。実際の配線で管に収めることがありますが、そのようなときに管の中で電線をつないではいけないので、この箱の中でつなぎます。他にも電線の引き出しや、「弱電」と呼ばれる電話線やインターネット回線の取り出し、テレビアンテナの接続にも使えるスゴイものです。図で表すと下のようになります。

アウトレットボックス

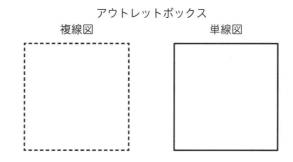

複線図の場合は点線になっていて、この点線の中に線をどのようにつなぐかを書き込みます。

次に、スイッチの付いている図を紹介します。スイッチは、皆さんの家にも付いている電流を流したり止めたりするための部品です。比較的大きな電流を流すときは「開閉器」と呼びます。

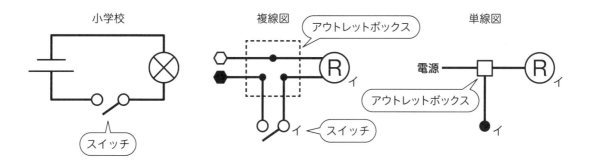

複線図と小学校で習う回路図では、スイッチの記号が同じです。スイッチが出てきたときには、スイッチがどこを制御するのかが重要です。「イ」のついたスイッチは「イ」のついた負荷を制御します。例えば、イのスイッチを押したらイのランプがつくように配線します。

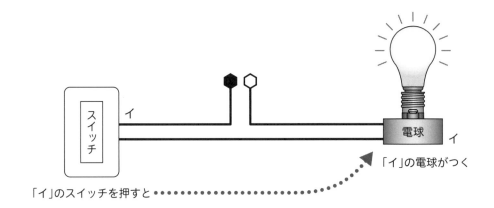

「イ」のスイッチを押すと ・・・・・・・・・・・・・・・ 「イ」の電球がつく

　次に、コンセントのある配線図を紹介します。コンセントがある場合は、絶対に接地側電線と非接地側電線の2本の線を接続します。図で表すと下のようになります。

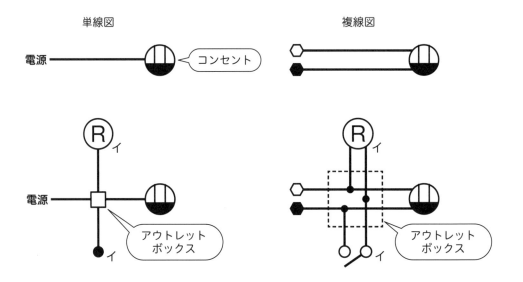

単線図　　　　　　　　　　　複線図

電源 ─── コンセント

電源　アウトレットボックス

アウトレットボックス

　このようにちょっと複雑な配線になっても、コンセントに接地と非接地2本の線が行くことは変わりません。

　これらのことを踏まえて、初級編で複線図の書き方を学んでいきましょう！

「初級編－試験には出ない簡単な問題」

　初級編では、試験には出ない次のページのような図を使って複線図に起こすための基本を学んでいきましょう。

　この図は、「コンセント」と「ランプレセプタクル」と「スイッチ」が使われている基本的な回路です。

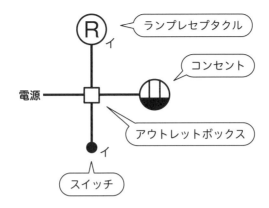

ステップ1

器具を複線図用記号に直して、単線図と同じ位置に配置します。

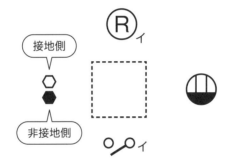

ステップ2

接地側電線をコンセントと負荷(ランプレセプタクル)につなぎます。
※負荷とは、電球やモーターなどの電気を消費する機器のことです。

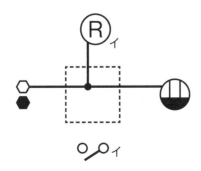

ステップ3

非接地側電線をコンセントとスイッチにつなぎます。

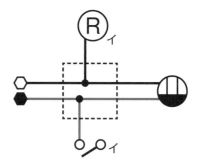

ステップ4

対応する負荷(ランプレセプタクル)とスイッチをつなぎます。

ここで書いた線のことを「戻り線」または「帰り線」といいます。

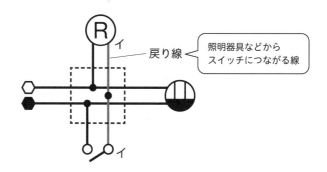

戻り線 ← 照明器具などから
スイッチにつながる線

ステップ5

電線の色を書き込みます。

電源の白い方に接続されている線は、すべて白色(W)になります。

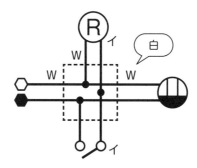

白

電源の黒い方に接続されている線は、すべて黒色(B)になります。

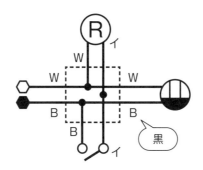

　戻り線の色の指定はありません。試験では白と黒でセットになっている線を使うことが多い
です。この図の場合は、スイッチの戻り線は白、ランプレセプタクルは黒になります。

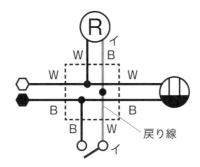

接続点が黒丸になっている理由

　黒丸になっているところは、線と線を「接続する」という意味があります。交わっていて
も接続しないときには黒丸にしません。接線する場合は単線図に指示があります。

　ただし、電気的に接続はしないものの作図の都合上、交差しなければならない場合は「接
続しない」図を使用します。

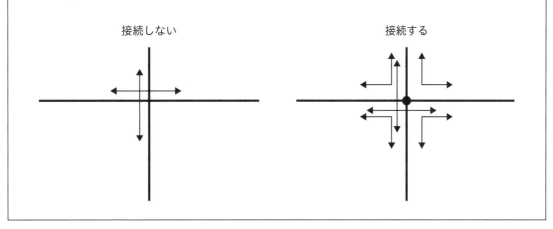

もう1つやってみます。

この回路は、負荷に蛍光灯、スイッチは位置表示灯内蔵、コンセントは2口タイプを使用しています。位置表示灯（異時点灯）付きはスイッチの中にライトが埋め込まれていますが、同じようにライトが埋め込まれているものとして、確認表示灯（同時点灯）内蔵スイッチがあります。対象の負荷が ON のときに光るのが確認表示灯、OFF のときに光るのが位置表示灯です。

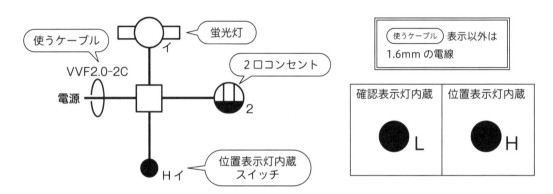

ステップ1

器具を複線図用記号に直して、単線図と同じ位置に配置します。

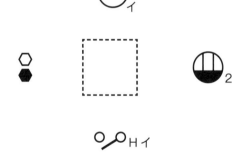

ステップ2

接地側電線をコンセントと負荷（蛍光灯）につなぎます。

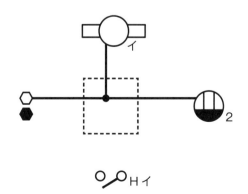

ステップ3

非接地側電線をコンセントとスイッチにつなぎます。

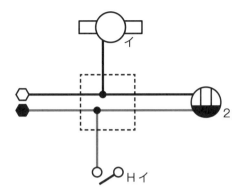

ステップ4

戻り線を書きます。

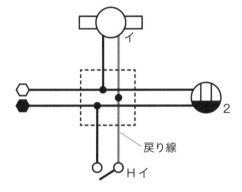

ステップ5

電線の色を書き込みます。

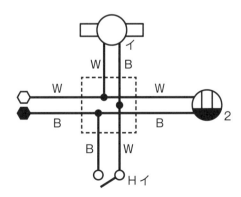

第3部

39

色を書き終えたら、今回は使うケーブル線の指定があるので、そちらも書いていきます。
これで完成です。これを踏まえて、中級編にいってみましょう！

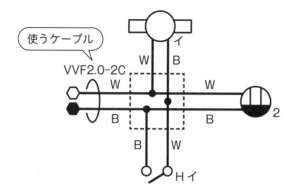

「中級編－実際の試験に出る問題」

中級編では、3・4路スイッチを含む実際に試験に出る問題を取りあげます。

実際に試験に出る問題だからといって怖がる必要はありません。やることは超初級編、初級編と同じです。がんばっていきましょう。

ステップ1

器具を複線図用記号に直して、単線図と同じ位置に配置します。

No.12

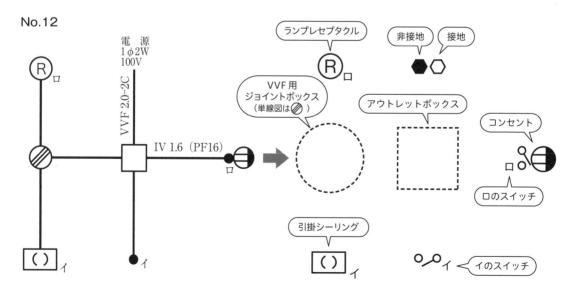

出典：（一財）電気技術者試験センター、令和4年度
　　　候補問題 No.12　第二種電気工事士技能試験

※アウトレットボックスと VVF 用ジョイント
　ボックスの違いは p.50

ステップ2

接地側電線をコンセントと負荷(ランプレセプタクルと引掛シーリング)につなぎます。

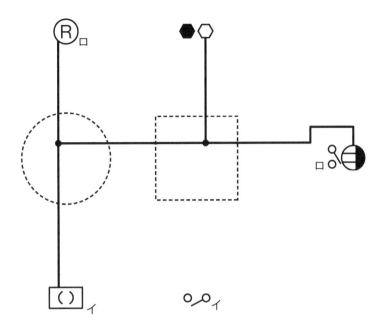

ステップ3

非接地側電線をコンセントとスイッチにつなぎます。

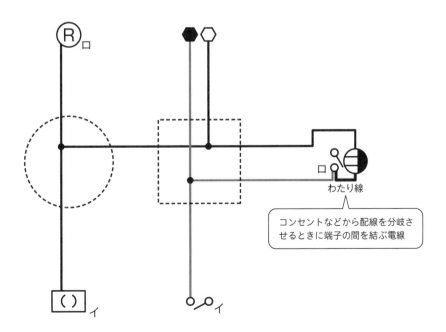

わたり線

コンセントなどから配線を分岐させるときに端子の間を結ぶ電線

対応する負荷(ランプレセプタクル、引掛シーリング)とスイッチをつなぎます。

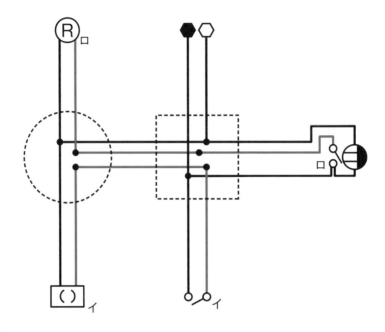

電線の色とケーブルの種類を書き込みます。リングスリーブの圧着マークも書き込みます。

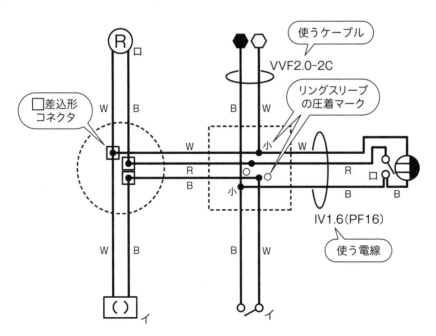

VVF2.0-2C は、囲んである部分（電源から最初のジョイントボックスまで）が VVF ケーブルの直径 2.0mm、2芯という意味です。同様に IV1.6 は、IV 線の直径 1.6mm という意味です。（　）内の PF16 は、PF 管の内径 16mm という意味です。

実際に作ってみると、下のようになります。

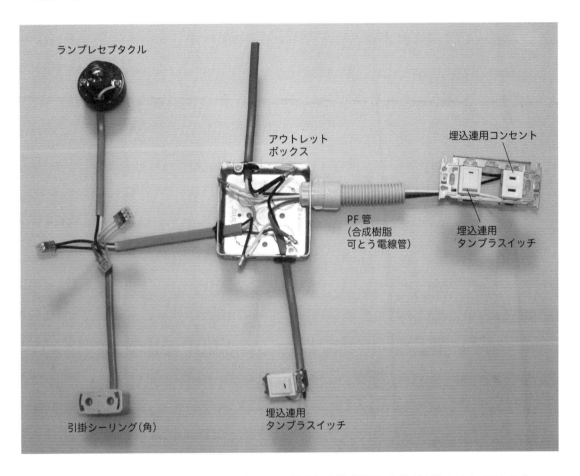

アウトレットボックスから右側の配線は PF 管（合成樹脂可とう電線管）の中に収めます。

アウトレットボックスは、PF 管と金属管をつなぐことができます。小さい方は直径 19mm、大きい方は直径 25mm です。試験では必要なところに事前に穴があいていますが、自分で購入したときは自分で穴をあける必要があります。また、金属管をつなぐ場合はボンド線を付けられるようにネジ穴もついています。ボンド線は、金属管とアウトレットボックスを電気的に接続するための電線です。接続する理由は、接地して感電しないようにするためです。金属管を使用する際は、すべての金属管を電気的に接続して全体を接地することで、漏電の際の感電のリスクを減らすことができます。

<リングスリーブの使い分け>

　リングスリーブには、「小」や「中」などのサイズや「○」などの圧着マークがあり、合格のためには、それらを適切に使い分ける必要があります。詳しい見分け方は、折り込みピンナップの表を参考にしていただきたいですが、ここでは簡単に見分けられるようにフローチャートにして紹介します。

リングスリーブの使い分けフローチャート

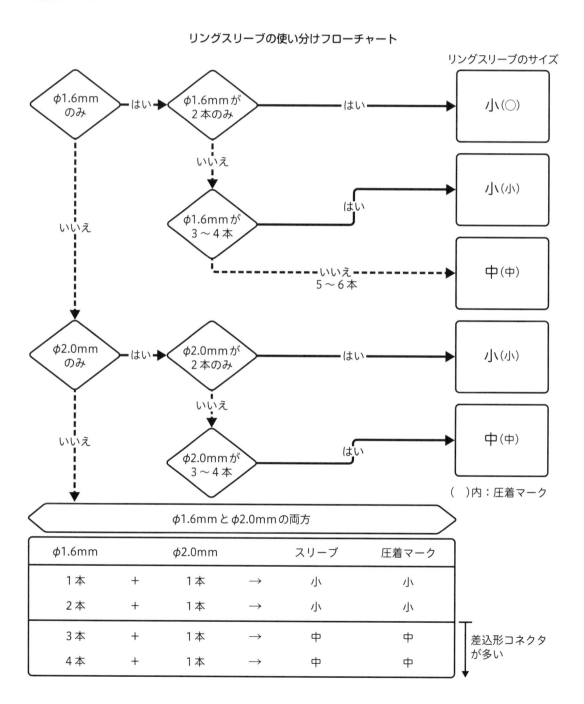

（1）３・４路スイッチがある回路

試験センターの候補問題 No.7 をやってみたいと思います。

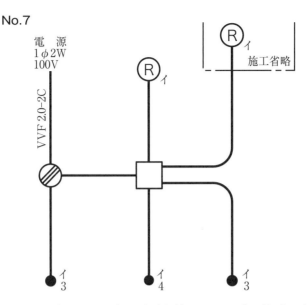

No.7

電源
1φ2W
100V

VVF 2.0-2C

施工省略

Ⓡ ィ

Ⓡ ィ

ィ
3

ィ
4

ィ
3

出典：（一財）電気技術者試験センター、令和４年度候補問題 No.7　第二種電気工事士技能試験

　図を見ると、ランプレセプタクルと３路スイッチが２個と、４路スイッチが１個あります。３路スイッチや４路スイッチは、異なる場所から同じものを ON/OFF できるスイッチです。僕たちの家の階段や廊下のスイッチがそうです。スイッチが２か所の場合は３路スイッチが２つ、３か所以上の場合は４路スイッチが使われます。

　小学校で学習した回路図で表すと、３路スイッチの回路図は下のようになります（３路スイッチは中学校で習います）。

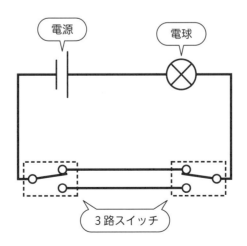

電源

電球

３路スイッチ

　片方（右側）の３路スイッチを押すと次ページのようになり、回路がつながっていないので切れます。

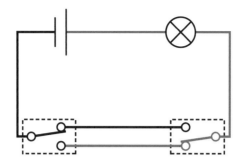

もう片方(左側)の３路スイッチを押すと、また回路がつながります。

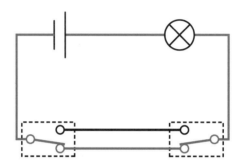

４路スイッチの回路図は、下の通りです。

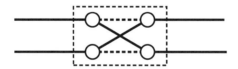

　ここでは交差するようになっていますが、スイッチが押されると平行につながります（点線で表している部分）。

　４路スイッチを使う場合は、下のように３路スイッチで挟んで使います。

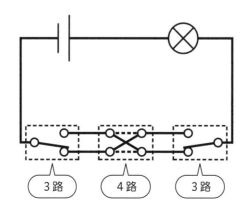

─ 3路スイッチを体験！ ─

実際に3路スイッチを体験してみましょう。

まずは、つまようじを「A」と「C」の点線の上に置いてみてください。☆→A→C→★という順序でつながっていることがわかると思います。次に、「C」に置いてあるつまようじを「D」に移動してみてください（これは3路スイッチを操作するのと同じです）。そうすると、流れが遮断されて☆と★がつながっていないことがわかります。上から下、下から上と動かすと、どちらをどのように動かしても、動かしたときにON/OFFが変わることがわかると思います。

これが3路スイッチを使用して2か所でON/OFFを切り替えられる仕組みです。

用意するもの：
つまようじ 2本

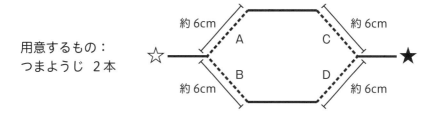

では、候補問題No.7を実際にやってみます。

ステップ1

器具を複線図用記号に直して、単線図と同じ位置に配置します。

No.7

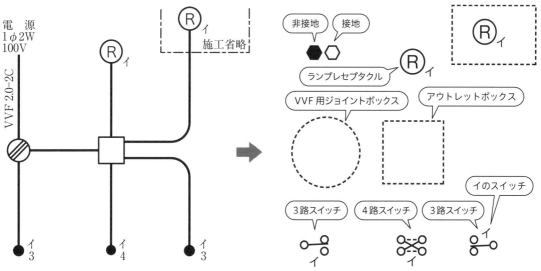

出典 . （一財）電気技術者試験センター、令和4年度
候補問題No.7 第二種電気工事士技能試験

ステップ2

接地側電線を負荷(ランプレセプタクル)につなぎます。

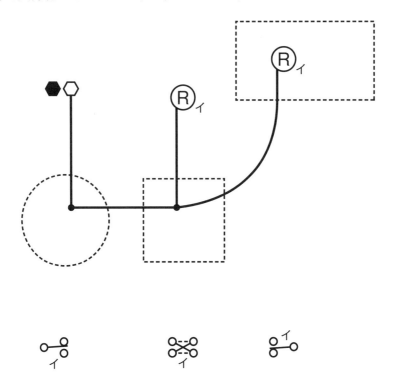

ステップ3

　非接地側電線をスイッチにつなぎます。ここでいうスイッチは、3路スイッチも含まれます。3つの接続先がある3路スイッチはどこにつなげばいいのか迷うかもしれませんが、3路スイッチ2つ(4路スイッチが入る場合もあります)を1つのスイッチとして考えると、どこにつなげばいいのか見えてくると思います。指定された3路スイッチの0(支点)に接続します。(p.50も参照)

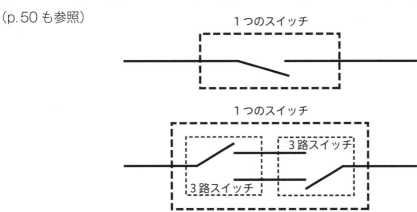

48

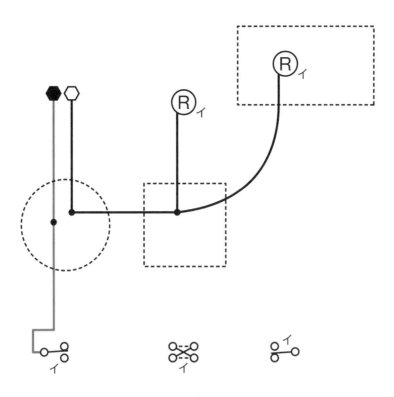

ステップ4

対応する負荷(ランプレセプタクル)と、もう片方の3路スイッチの0番をつなぎます。

3路スイッチと4路スイッチを接続します。

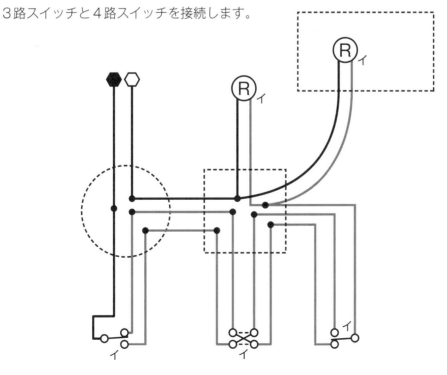

電線の色とケーブルの種類を書き込みます。リングスリーブの圧着マークも書き込みます。

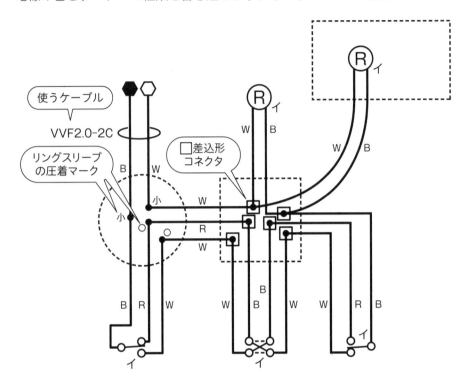

左のように、3路スイッチには端子に0と1と3の番号がふられています。動かない端子（共通端子）は0、スイッチの操作によって動く端子は1と3が割りふられています。

アウトレットボックスとVVF用ジョイントボックスの違い

　基本的には同じ役割をもち、どちらも配線の分岐部分に設置するボックスの名称です。アウトレットボックスは配管工事の際に配管のつなぎ目に置かれ、VVF用ジョイントボックスはVVFケーブルの接続部分に使用されます。試験でも配管の施工箇所がある場合（金属管など）はアウトレットボックスが使われ、その他のVVFケーブルを接続するだけの箇所はVVF用ジョイントボックスが使われています。

　また、アウトレットボックスは、VVF以外の電線や「弱電」と呼ばれる通信にかかわる線を通すことができ、VVF用ジョイントボックスはVVFケーブル専用といった違いもあります。

実際に作ってみると、下のようになります。

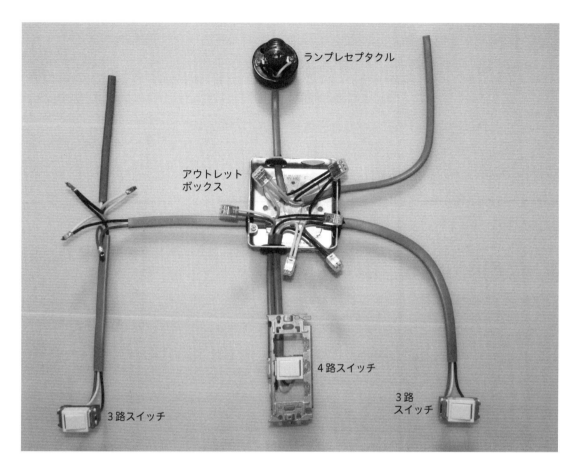

３路スイッチと４路スイッチを使用して、３か所から負荷を操作できるようになっています。取付連用枠は、施工条件の部分に取り付けるので注意してください。

（2）パイロットランプの回路

パイロットランプが使われているのは、候補問題 No.2 と No.10 です。令和４年度の候補問題では、No.2 は常時点灯、No.10 は同時点灯に設定されています。他にも異時点灯があるので、試験問題に合わせて作ってください。

■常時点灯

常時点灯はその名の通り、何があっても常に点灯している方式です。複線図を作るときは「コンセント」だと思ってつなぐといいです。

■同時点灯（確認表示灯）

同時点灯は、対象※の負荷（電灯や電動機）と同時に点灯や消灯を繰り返します。

例：負荷 ON →パイロットランプ ON、負荷 OFF →パイロットランプ OFF

■異時点灯（位置表示灯）

　異時点灯は、対象※の負荷とは逆に点灯や消灯を繰り返します。

　例：負荷 ON →パイロットランプ OFF、負荷 OFF →パイロットランプ ON

※ 対象：「イのスイッチを押すと、イの負荷の ON/OFF が制御できる」といったように、連動しているスイッチと負荷の関係を指す

　ここでは、候補問題 No.10（同時点灯の場合）で練習していきます。

ステップ1

　器具を複線図用記号に直して、単線図と同じ位置に配置します。

　電源やスイッチなどの記号が変わるものは、ここで変えておきます。

　B は配線用遮断器（ブレーカー）を表す記号です。電線に大きな電流がかかると最悪の場合、燃えてしまったりするので、それを事前に防ぐ必要があります。そこで使われるのが配線用遮断器です。配線用遮断機は、回路に大きな電流が流れると規定時間内に自動的に回路を遮断します。ヒューズも原理は異なりますが、同じ働きをします。

No.10

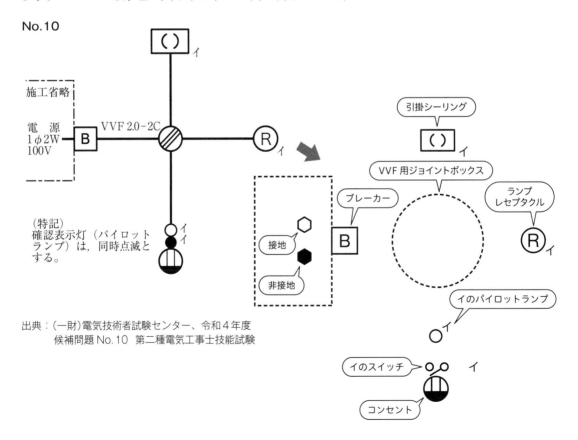

出典：（一財）電気技術者試験センター、令和4年度
　　　候補問題 No.10　第二種電気工事士技能試験

　接地側電線をコンセントと負荷(ランプレセプタクルと引掛シーリング)とパイロットランプにつなぎます。

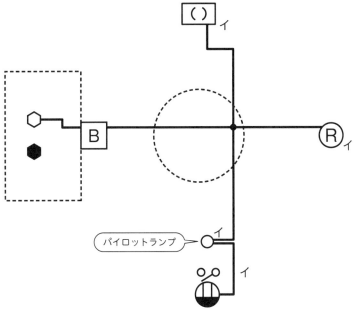

　非接地側電線をコンセントとスイッチにつなぎます。

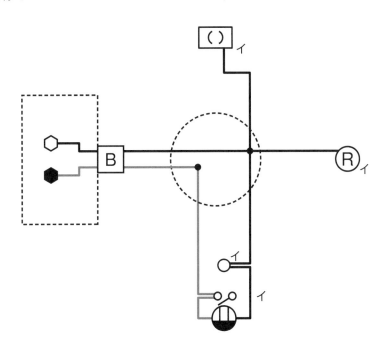

第3部

53

ステップ4

　対応する負荷（ランプレセプタクルと引掛シーリング）とパイロットランプとスイッチをつなぎます。

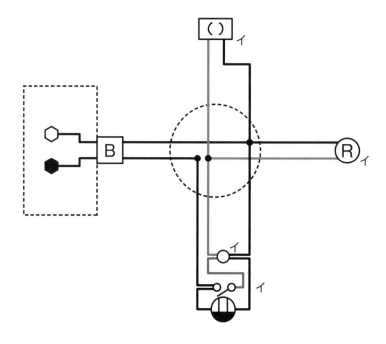

ステップ5

　電線の色とケーブルの種類を書き込みます。リングスリーブの圧着マークも書き込みます。

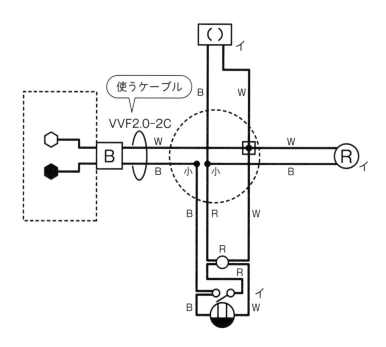

実際に作ってみると、下のようになります。

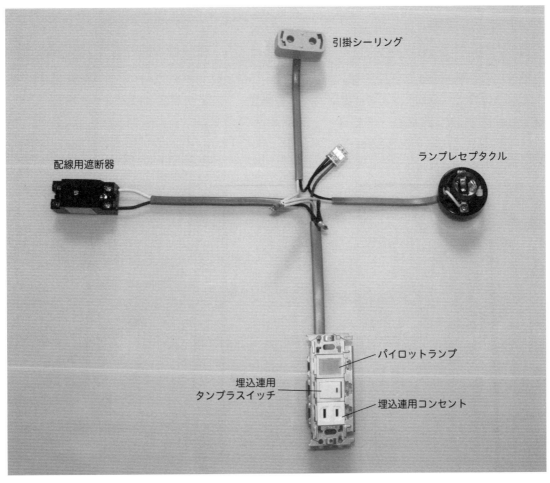

電源部分に配線用遮断器があるので、注意してください。

　線の位置（上下など）が難しいですが、やっていくうちに「この線がココを通るから、上の方がいいかな」などわかってきます。得意な候補問題でよいので何回もやってみることをおススメします。

「上級編－特殊な回路」

（1）自動点滅回路

　街の中で見かける街灯。暗くなると灯りがつきますが、誰が ON/OFF しているか考えたことはありますか？

　これは自動で行われています。センサー（物理量、光などを検知、検出する部品）により、スイッチを ON/OFF できるのが自動点滅器です。

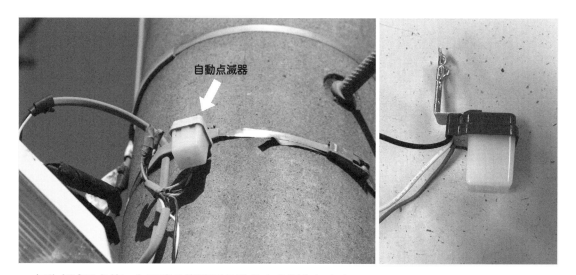

　自動点滅器を使った回路の複線図の書き方を紹介します。

　まずは、でき上がった複線図(例)の自動点滅器の部分だけクローズアップしてみます。

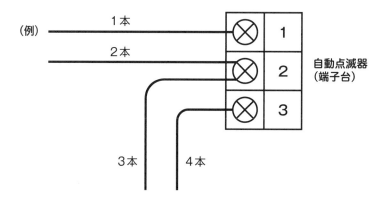

　線が４本出ていますが、３つの端子にしかつながっていません。電気には、プラスとマイナスがあるはずなので、端子の数が奇数になるのは不思議に感じると思います。でも、まずは難しく考えずに、自動点滅器の電源と出力の部分として見てみましょう。

　ここではわかりやすく「マイナス」という言葉を使っていますが、接地側（白色）のことです。

マイナスを共有することは、電気を使ううえでよく使われる手法です。同じ役割の線は、まとめてしまった方がムダな電線を使わなくてもいいですし、よりスマートに見えます。

　電気には「電位差」という考え方があります。電位差は2点の間の電位の差のことで、電圧とほぼ同じ意味ですが、この考え方が理解できると、より一層わかりやすくなります。

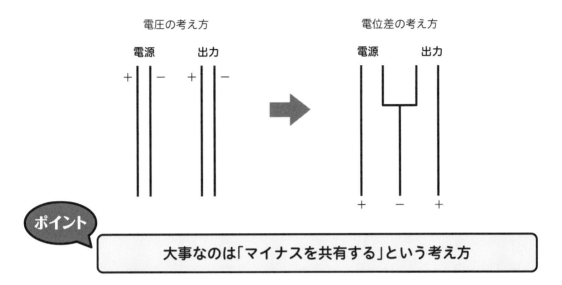

電圧の考え方　　　　　　　　　　　電位差の考え方

ポイント

大事なのは「マイナスを共有する」という考え方

　例えば、3Vの回路があったとします。プラスとマイナスがあって、その差で3Vという数値が出ます。これが「電圧」の考え方です。

　一方で、すべての電線に電位があって、その電位の差（電位差）が3Vというのが電位差の考え方です。例えば、マイナス側が0V、プラス側が3Vだとすると、その電位差は3Vです。もちろん、マイナス側がマイナス3V、プラス側が0Vでも電位差は3Vですが、一般的にはマイナス側を基準にして0Vにするのが基本です。

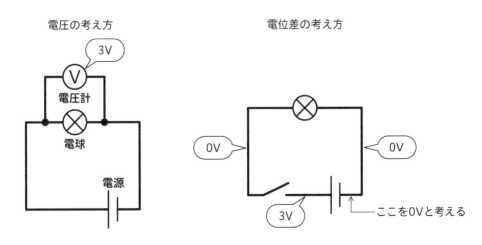

電圧の考え方　　　　　　　　　　電位差の考え方

では、ここから実際の試験問題をやっていきましょう。

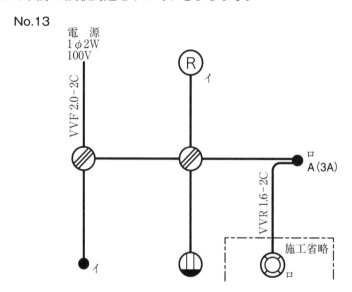

No.13

電　源
1φ2W
100V

VVF 2.0-2C

VVR 1.6-2C

イ

ロ
A（3A）

施工省略

ロ

イ

出典：（一財）電気技術者試験センター、令和4年度候補問題 No.13　第二種電気工事士技能試験

ステップ1

　器具を複線用図記号に直して、単線図と同じ位置に配置します。

　このとき、自動点滅器は下の写真のような端子台で代用するため、端子数が3つの端子台を書いておきます。

　端子台は主に電線の接続や中継を行う器具です。端子台自体は電気を消費しませんが、電線の分岐などもでき、非常に重要な部品です。

　上の写真の端子台では端子が3列（6個）しかありませんが、もっとたくさんの端子が付いているものもあります。

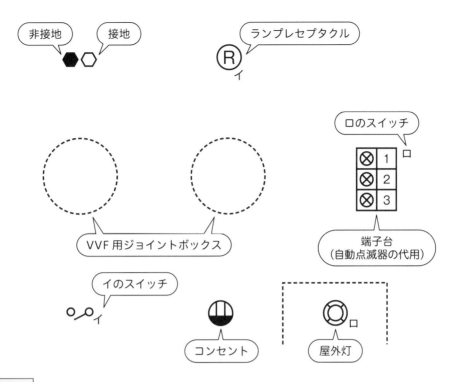

ステップ2

　接地側電線をコンセントと負荷(ランプレセプタクル)につなげます。

　とりあえず、自動点滅器と対応するランプレセプタクルには何も書かず、他のものだけをやってみましょう。

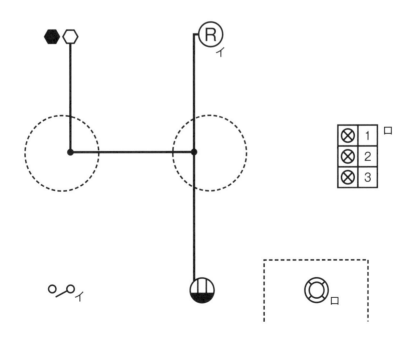

次は自動点滅器の部分を作っていきます。接地側電線は共有のため、一度自動点滅器の２番
を経由してから負荷(屋外灯)へつなぎます。

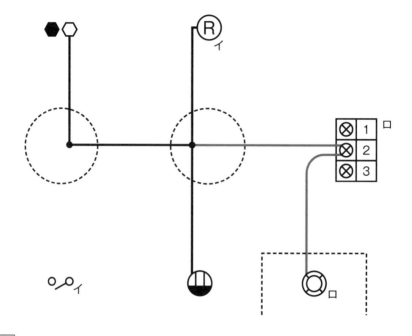

ステップ３

非接地側電線をコンセントとスイッチにつなげます。

先ほどと同じように、まずは自動点滅器なしで作ってみてください。

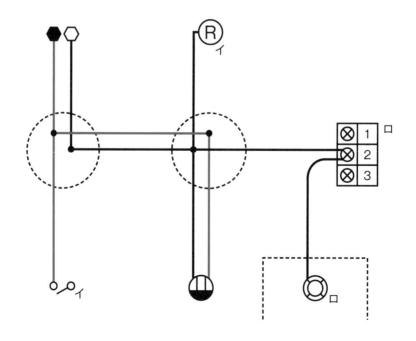

自動点滅器の1番に非接地側電線を接続しましょう。この線と真ん中の接地側電線が自動点滅器の電源として使われます。

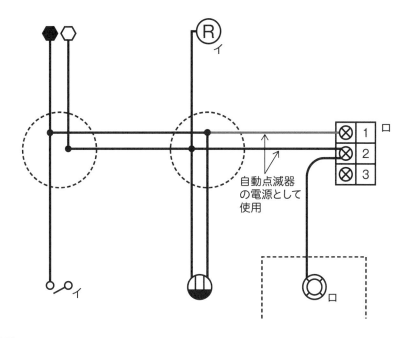

自動点滅器
の電源として
使用

ステップ4

　スイッチと負荷(ランプレセプタクル)をつなぎます。

　「イ」の部分は、対応する「イ」のスイッチに戻り線で接続します。

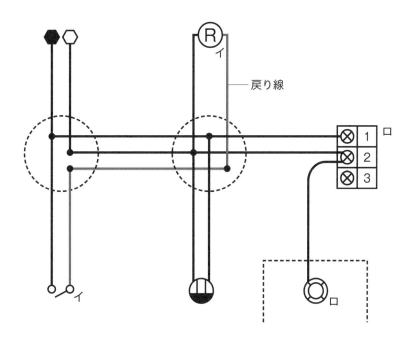

戻り線

自動点滅器が入っている「ロ」の部分は、自動点滅器の３番から負荷（屋外灯）へつないでください。

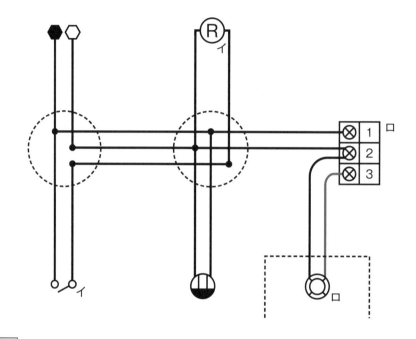

ステップ5

電線の色とケーブルの種類を記載します。接地側電線には白色のW、非接地側電線には黒色のBを書いてください。色の指定がない戻り線は、赤色の線（R）を使用します。

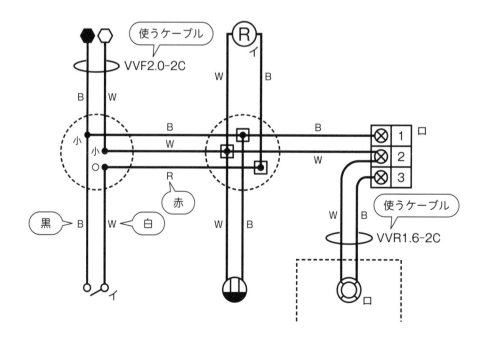

実際に作ってみると、下のようになります。

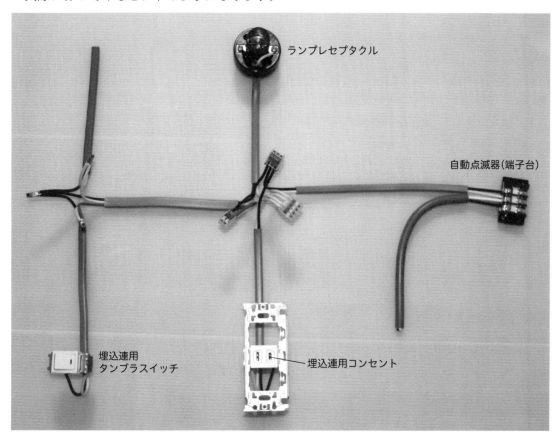

自動点滅器の VVR 線の処理の方法に気をつけてください。VVF ストリッパーではストリップ（電線の絶縁被覆を剥くこと）ができないので、電工ナイフなどを使用して被覆を剥いていきます。介在物（紙・不織布）はいらないので切りますが、全部抜き取らないように注意してください。

自動点滅器の内部配線は、試験問題に書かれているので、きちんと確認してから複線図を書き始めましょう。これまでほとんど同じものが出題されているので、過去問で対策するといいでしょう。

(2) タイムスイッチ回路

タイムスイッチは、特定の時間で ON/OFF したいという需要に合わせて作られたスイッチです。身近で見る機会は少ないと思いますが、一定の時間で ON/OFF したいという需要は生活の中に多くあります。例えば、炊飯器はタイマーで炊く時間を指定してセットすることができます。こちらも実際の試験のときは、3つの端子台で代用されます。そのときもマイナスを共有する考え方が大切になります。

それでは、候補問題 No.3 でタイムスイッチ回路の練習をしていきましょう。

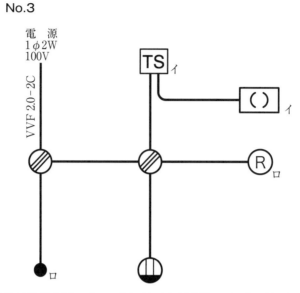

出典：(一財)電気技術者試験センター、令和4年度候補問題 No.3　第二種電気工事士技能試験

器具を複線用図記号に直して、単線図と同じ位置に配置します。

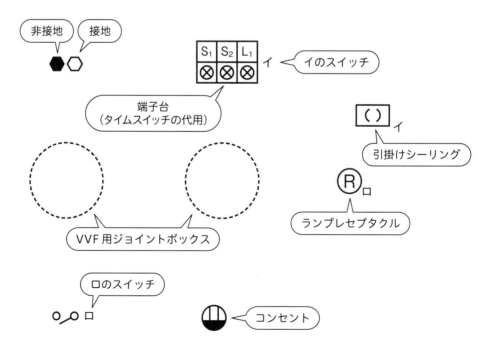

ステップ2

接地側電線をコンセントとランプレセプタクル、端子台の S₂ につなげます。

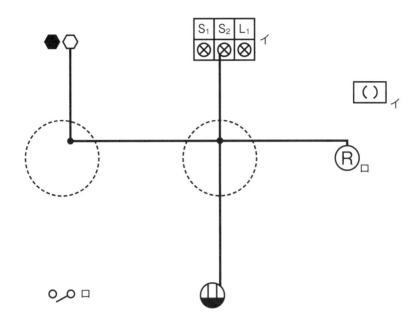

引掛シーリングの接地側電線は、端子台から共有してください。

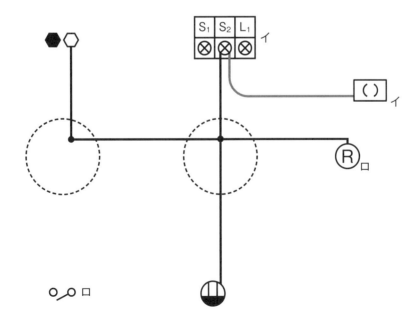

ステップ3

非接地側電線をコンセントとスイッチ、端子台の S_1 につなげます。

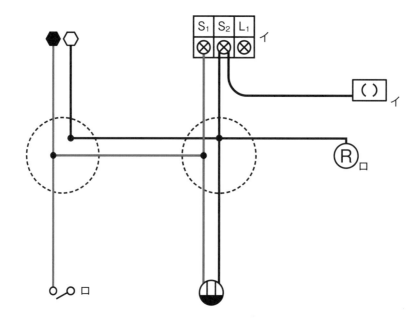

ステップ4

対応する負荷(ランプレセプタクル)とスイッチ、端子台と引掛シーリングをつなげます。

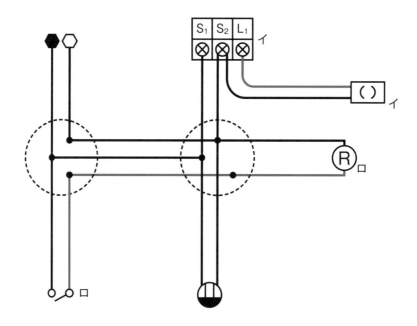

ステップ5

電線の色とケーブルの種類を記載します。

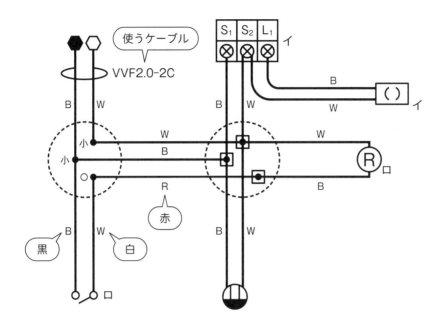

実際に作ってみると、下のようになります。

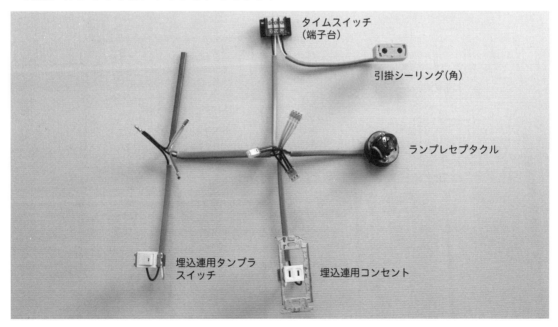

タイムスイッチ(端子台)の配線を間違えないようにしてください。緩みがないように1本ずつしっかり締め付けてください。内部配線が変わるかもしれないので、問題をよく読みましょう。

(3) 200V回路（200Vの配線が含まれている回路）

　200Vの回路は100Vと分けて配線されます。実際の実技試験で配線する場合は、混ざらないように注意してください。でも、そのことだけ気をつければ他の問題と同じなので、今までのことを振り返って自信をもってやっていきましょう。

　候補問題No.5で200Vの配線を練習してみます。

No.5

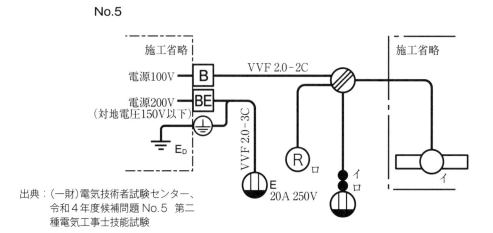

出典：（一財）電気技術者試験センター、
令和4年度候補問題No.5 第二
種電気工事士技能試験

ステップ1

器具を複線用図記号に直して、単線図と同じ位置に配置します。

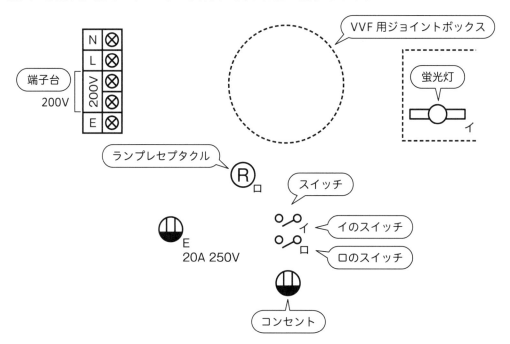

候補問題 No.5 では、端子が 10 個（5 列）になっています。これは 100V 用に 2 列、200V 用に 2 列をとり、接地線をつなぐように 1 列使うことで足して 5 列分になっているからです。端子台はさまざまなことに使用されるので、柔軟性が高い作りになっています。

ステップ2

接地側電線をコンセントと負荷（ランプレセプタクルと蛍光灯）につなげます。

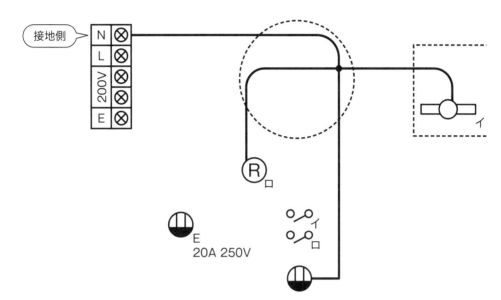

ステップ3

非接地側電線をコンセントとスイッチにつなげます。

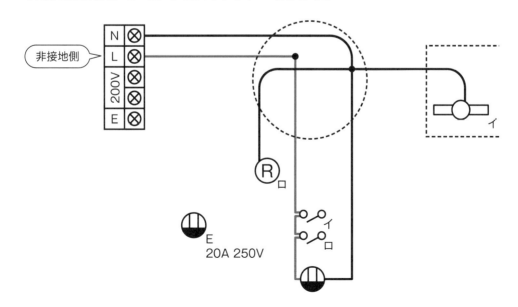

ステップ4

対応する負荷(ランプレセプタクルと蛍光灯)とスイッチをつなげます。

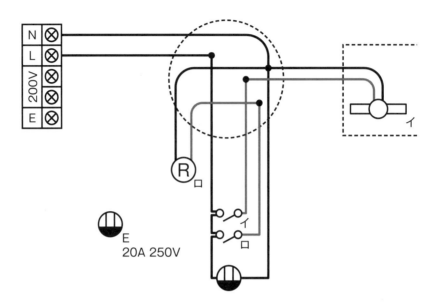

ステップ5

200Vのコンセントに電源と接地線をつなぎます。

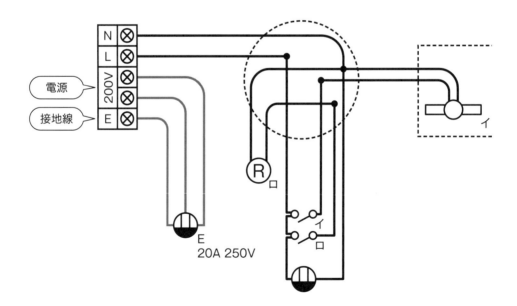

　接地とは、電気機器を地面に接続することです。もし漏電が起きても人体に電流が流れない
よう地面に流すために行います。洗濯機や電子レンジなどの家電のコンセントによく付いてい
る緑の線も接地をするための電線です。

ステップ6

電線の色とケーブルの種類を記載します。

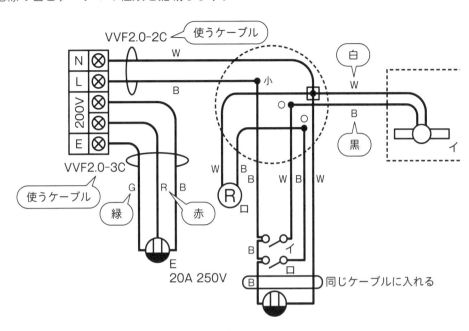

実際に作ってみると、下のようになります。

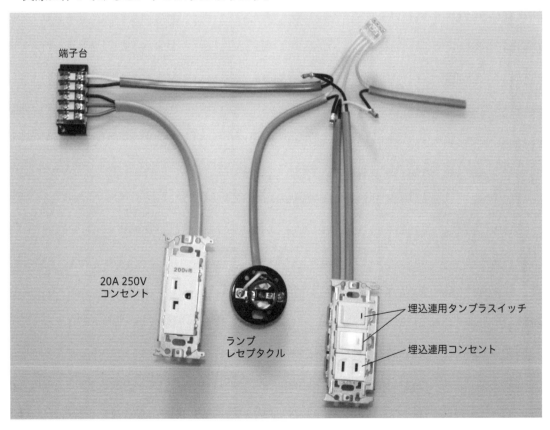

問題文をよく読んで、リングスリーブと差込型コネクタを間違えないようにしてください。

＜材料から試験問題を予想＞

　実技試験は、ある程度問題を予想することができます。「予想して何かいいことがあるの？」と思う人もいるかもしれませんが、予想した問題の複線図を頭に思い浮かべることで、注意すべきポイントに気がつきます。問題には特徴があります。

　例えば、こういうのが入っていたら、候補問題 No.11。※今後変わる可能性あり

こんなのが入っていたりすれば、ほぼ候補問題 No.10 です。※今後変わる可能性あり

　どの候補問題かわかれば、あとは思い出すだけです。候補問題 No.13 だったら「マイナスを共有する」考え方を思い出すだけでも十分だと思います。

「超上級編ーさらに難しい問題にトライ」

　まずは僕が作った問題です。
　ポイントは、スイッチのあとにコンセントがきていることと自動点滅器があることです。

スイッチとコンセントが同じ場所にあるときは、非接地側電線をわたり線で共有します。自動点滅器は、上級編で説明した通りにやれば完璧です。

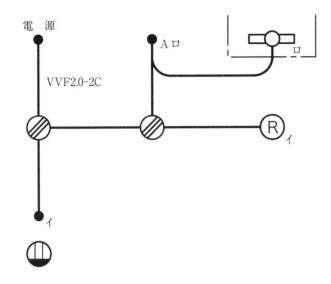

ステップ1

器具を複線用図記号に直して、単線図と同じ位置に配置します。

自動点滅器は端子台で代用のため、1と2と3の3つの端子を書いておきます。

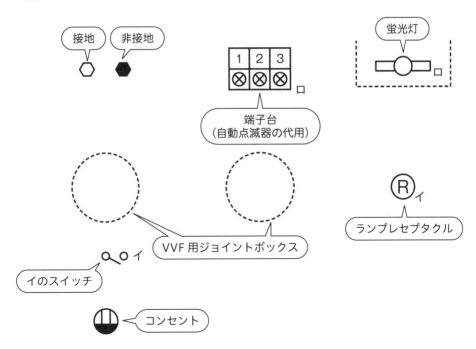

接地側電線をコンセントと負荷(ランプレセプタクル)につなげます。

今回は、自動点滅器も同時に作っていきます。

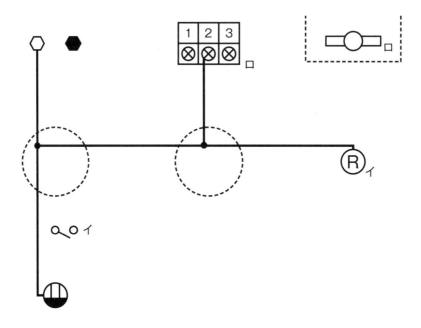

非接地側電線をコンセントとスイッチ、自動点滅器の1につなげます。

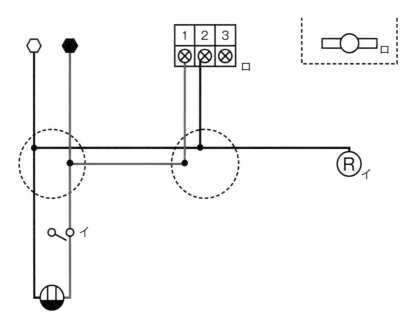

74

ステップ4

　スイッチと負荷（ランプレセプタクル）をつなぎます。自動点滅器が入っている「ロ」の部分は、自動点滅器の2と3番から負荷（蛍光灯）へつないでください。

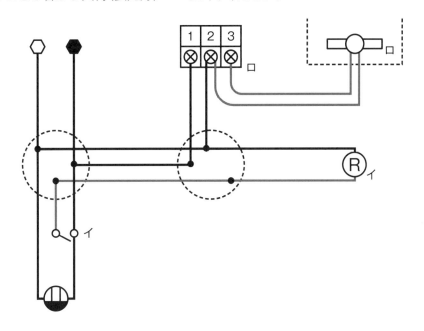

ステップ5

　電線の色とケーブルの種類を記載します。接地側電線には白色のW、非接地側電線には黒色のBを書いてください。戻り線には残りの赤色のRを使います。

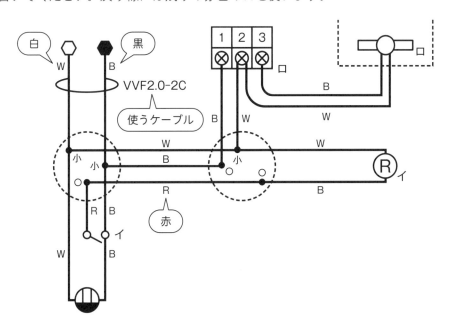

前述した通り、自動点滅器の配線は特に注意して確認するようにしてください。

次は、一種の候補問題 No.1 にチャレンジしてみましょう。

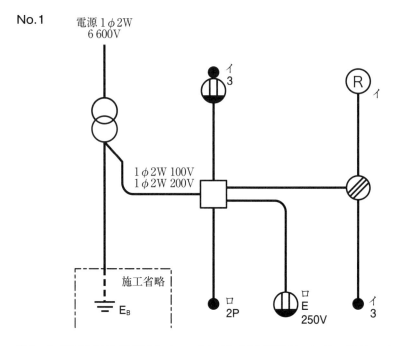

出典：（一財）電気技術者試験センター、令和 4 年度候補問題 No.1　第一種電気工事士技能試験

　この問題は 6,600 V を、変圧器を通して 200 V と 100 V に分けるような回路になっています。下の 200 V・250 V コンセントは、2P スイッチで操作できるようにする必要があります。2P スイッチは「両切スイッチ」と呼ばれることもあります。

　下の図は、片切スイッチと両切スイッチを簡単な回路で表したものです。上が片切スイッチで、下が両切スイッチです。両切スイッチは片切スイッチに比べて費用はかかりますが、片切スイッチよりも安全性が高いと言えます。

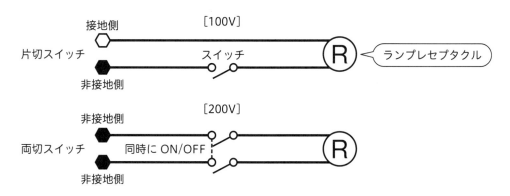

100Vの場合、非接地側電線をスイッチで遮断すれば、それ以降は安全です。でも、200V の場合はどちらも非接地側電線になるので、安全に扱うためには両切スイッチを使用して遮断する必要があります。

　まずは、100Vの配線を作っていきます。

ステップ1

　器具を複線図用記号に直して、単線図と同じ位置に配置します。変圧器（端子台）は図の通り、一次側（6,600V）と二次側（100/200V）に分けて書いてください。二次側の接地側は接地されているので、接地線と同じ電位なので接地極と接続します。両切スイッチは、スイッチ2つを点線でつなげたような形をしています。

　この問題はジョイントボックスになっているところが1つしかありませんが、代わりに端子台が追加されています。スイッチとコンセントの配線も複雑なので、間違わないようによく確認しましょう。250V・20Aコンセントに使うケーブルは太くて取り回しがしにくいので、端子台やコンセントにしっかり接続されているかもよく確認してください。

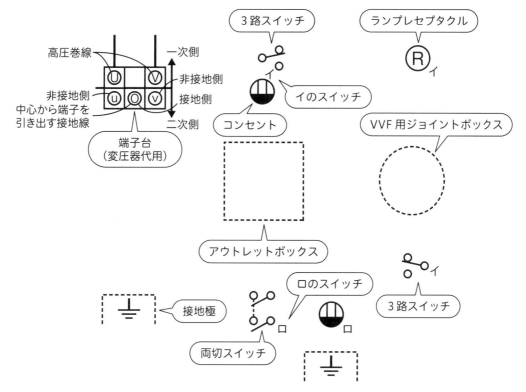

　一種の問題は、施工条件が大幅に変わる可能性があります。例えば、変圧器の部分ではuとOで100Vをとっていますが、OとVで100Vをとることもできますし、200Vの電線の色を変えることもできます。そのため、施工条件をよく見て作り始めることが重要です。

ステップ2

　まずは100V回路です。接地側電線をコンセントと負荷（ランプレセプタクル）につなげます。

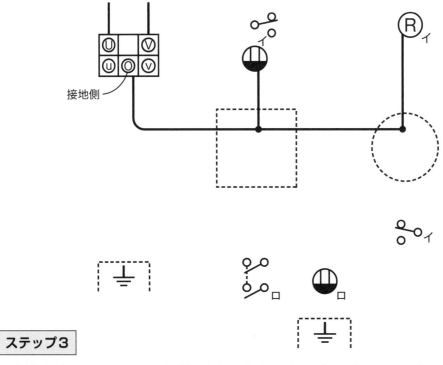

ステップ3

　非接地側電線をコンセントと指定された3路スイッチ（この場合はコンセントの近く）につなげます。

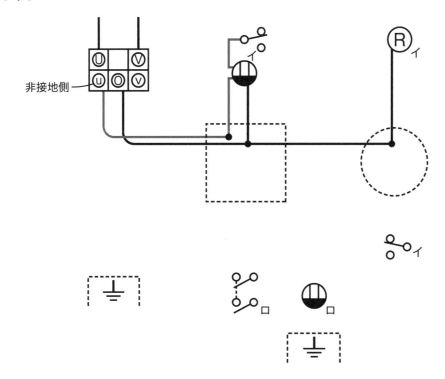

ステップ4

　もう片方の３路スイッチと負荷(ランプレセプタクル)をつなぎます。１と１、３と３をつなぎます。

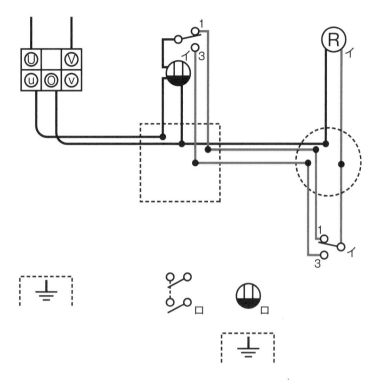

ステップ5

　両切スイッチを通してコンセントに200Vを接続します。

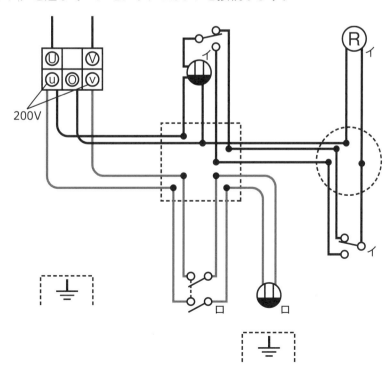

接地線も書いてください。

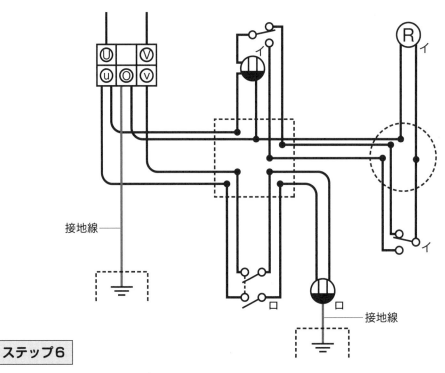

電線の色とケーブルの種類を記載します。

接地側電線には白色のW、非接地側電線には黒色のB、接地線は緑色のGで書いてください。

戻り線は赤色のRも使用できます。KIP は高圧巻線という高圧用の電線です。

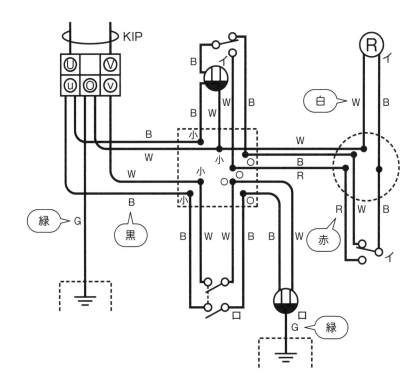

次も一種の候補問題 No.2 です。

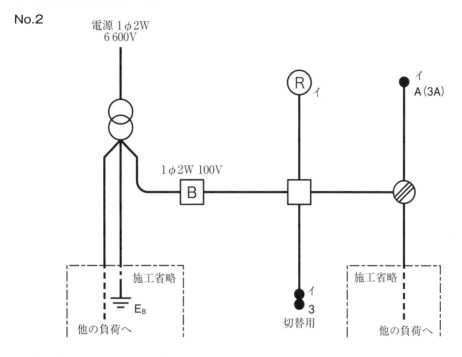

出典：（一財）電気技術者試験センター、令和4年度候補問題 No.2　第一種電気工事士技能試験

　この問題は3路スイッチが1つしかありません。「3路スイッチはペアで使うはずでは？」と疑問に思うかもしれませんが、3路スイッチの下を見てください。小さく「切替用」と書かれています。

　下の図は、「イ」で対応するスイッチ関連の部分を簡略化したものです。

　Cds回路は自動点滅器の中にある回路で、光の量に応じて抵抗の大きさが変わります。

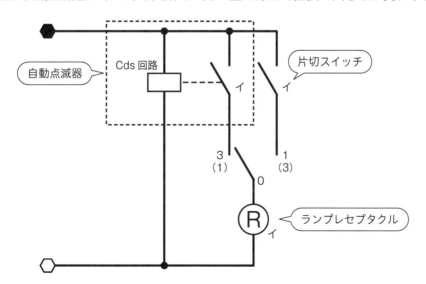

これをさらに簡単にすると、下図のようになります。

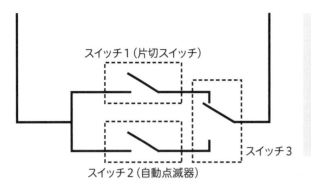

スイッチ1（片切スイッチ）

スイッチ2（自動点滅器）

スイッチ3

- スイッチ1では、人がスイッチを押すことでON/OFFを切り替える
- スイッチ1とスイッチ2では、負荷のON/OFFができる
- スイッチ2は、周囲の明るさによって自動点滅器がON/OFFを切り替える
- スイッチ3は、どちらの回路を使用するか切り替える

つまり、手動のスイッチ1で点滅するか、自動点滅器（スイッチ2）で点滅するかを3路スイッチで切り替えできるのです。

それでは作っていきましょう。

ステップ1

器具を複線用図記号に直して、単線図と同じ位置に配置します。

変圧器は図の通り、一次側と二次側を書いてください。今回は1つだけ3路スイッチが入りますが、記号は変わりません。

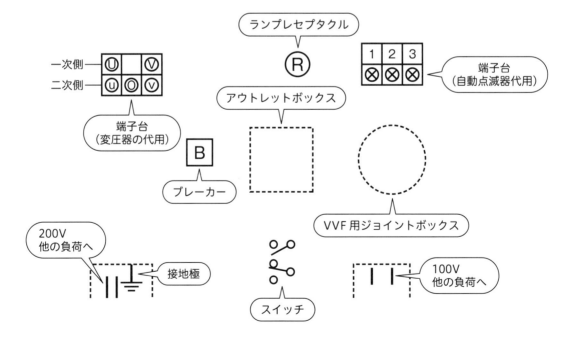

ランプレセプタクル

一次側
二次側

端子台
（変圧器の代用）

端子台
（自動点滅器代用）

アウトレットボックス

ブレーカー

B

VVF用ジョイントボックス

200V
他の負荷へ

接地極

スイッチ

100V
他の負荷へ

ここでは配線用遮断器（ブレーカー）があるので、配線用遮断器より左側を先に作成します。

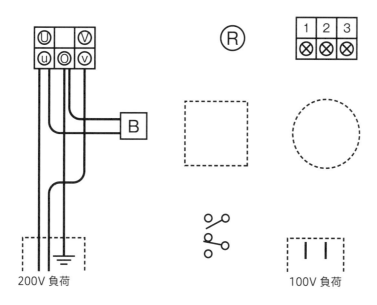

こんな感じになります。配線用遮断器に100Vを、他の負荷へは200Vを送ります。アース線も記入します。実際の試験では、どちらを非接地側にするかなど細かな指示もあります。

ステップ2

接地側電線を負荷（ランプレセプタクル）と端子台の2番、さらに右下の他の負荷につなげます。配線用遮断器までは線がきているので、そこからつないでいきます。

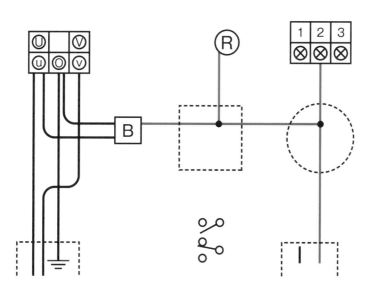

ステップ3

非接地側電線を片切スイッチと端子台の1番、さらに他の負荷につなげます。

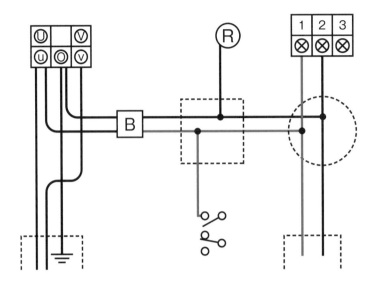

ステップ4

　端子台の3番と3路スイッチにつなげます。片切スイッチと3路スイッチにわたり線を入れます。

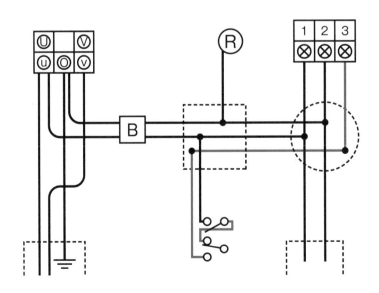

3路スイッチの0端子も負荷（ランプレセプタクル）に接続します。

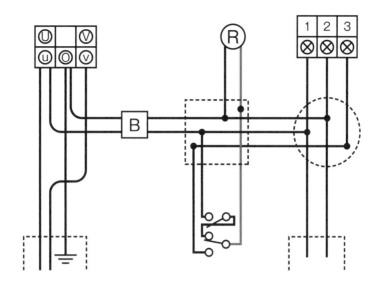

第3部

ステップ5

　電線の色とケーブルの種類を記載します。KIP線を接続して完成です。接地側電線には白色のW、非接地側電線には黒色のBを書いてください。

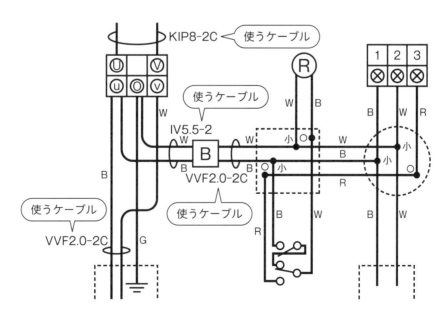

「番外編」

二種の筆記試験で、下記のような問題が出ました。

問　い	答　え
45　⑮で示すボックス内の接続をすべて圧着接続とする場合，使用するリングスリーブの種類と最少個数の組合せで，正しいものは。 ただし，使用する電線はすべて VVF1.6 とする。	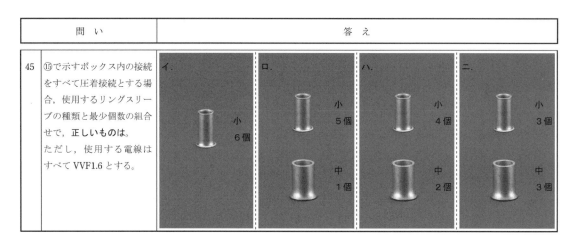

出典：(一財)電気技術者試験センター、令和4年度第二種電気工事士下期筆記試験(午前)問題2.(抜粋)

　この問題は、最後に付いている右の単線図から複線図を作成して、⑮で示すボックス内の接続をすべて圧着接続とする場合、使用するリングスリーブの種類と最少個数の組み合わせを答えるものです(使用する電線はすべて VVF1.6mm)。

　今まで通り、単線図を複線図に直してアウトレットボックス部分を抜き出して答えるだけですが、こんなに大きな範囲すべてを複線図に直していたら試験時間が終わってしまいます。筆記試験の複線図作成は実技試験より難しいので、がんばって取り組まないといけません。

　攻略のポイントを紹介します。

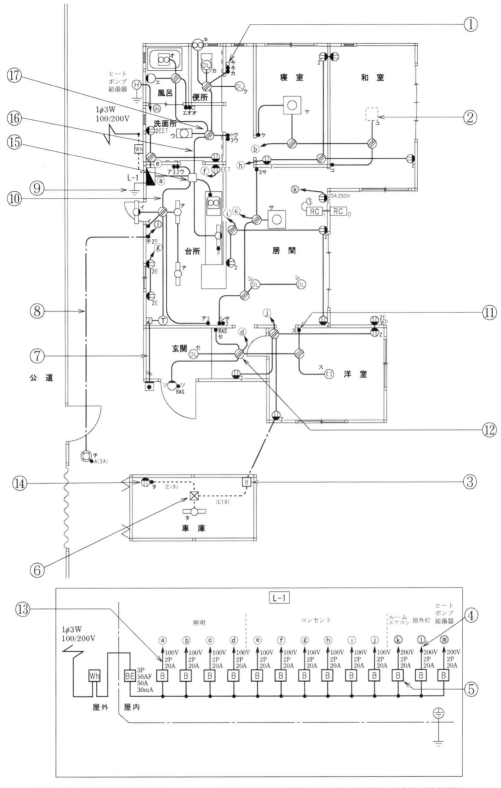

出典：（一財）電気技術者試験センター、令和4年度第二種電気工事士下期筆記試験（午前）問題2.

ポイント①　出題位置をマーキングする

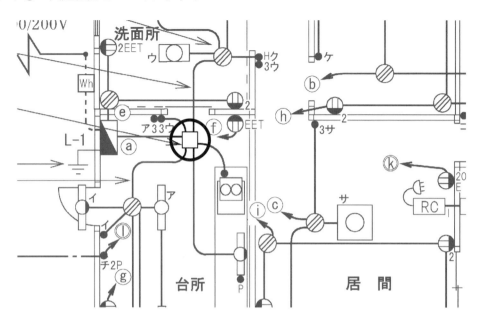

　出題されている位置を明確にすることはとても重要です。アウトレットボックス部分の出題でも、まわりのジョイントボックスと見間違えないようにすることでミス防止につながります。

　他の記号に干渉しないように、わかりやすく囲ってみましょう。

ポイント②　その回路の電源の位置を確認する

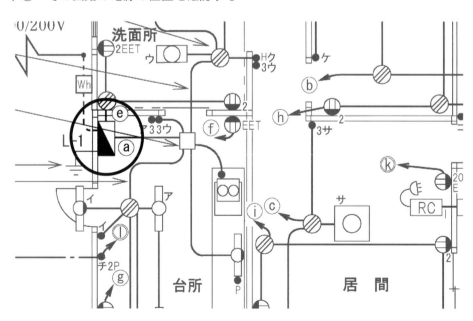

電源の位置を確認すると、関係するスイッチや負荷はどれなのか、わかりやすくなります。この回路では、ⓐが電源になります。

ポイント③　出題位置に関わっている記号を抜き出す

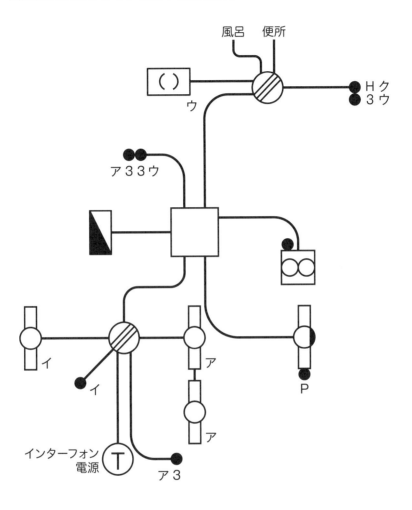

　もちろん配線図全部を複線図にしても解答はわかりますが、ミスも多くなってしまいますし、試験時間中に終わらせることができません。そこで、その問題に必要な部分だけを抜き出すことが重要になってきます。

　実際に抜き出して書いてみたのが上の図です。

　どれが必要でどれが必要でないかは説明が難しくわかりにくいので、次のページでステップごとにわかりやすく説明したいと思います。

ステップ1

出題されている箇所を書きます。

この問題は、アウトレットボックス内のリングスリーブの大きさと個数を答える問題なので、アウトレットボックスとそれにつながる電源を書きます。

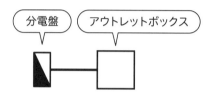

ステップ2

出題されている箇所につながっている機器を書きます。

アウトレットボックスに直接つながっているものをすべて書きます。

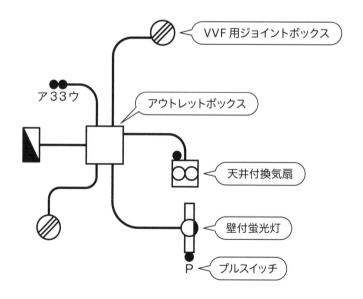

ステップ3

ステップ2で書いたジョイントボックスをよく観察し、右上のVVF用ジョイントボックスの先にある引掛シーリングや3路スイッチなどの必要な部分を書き出します。

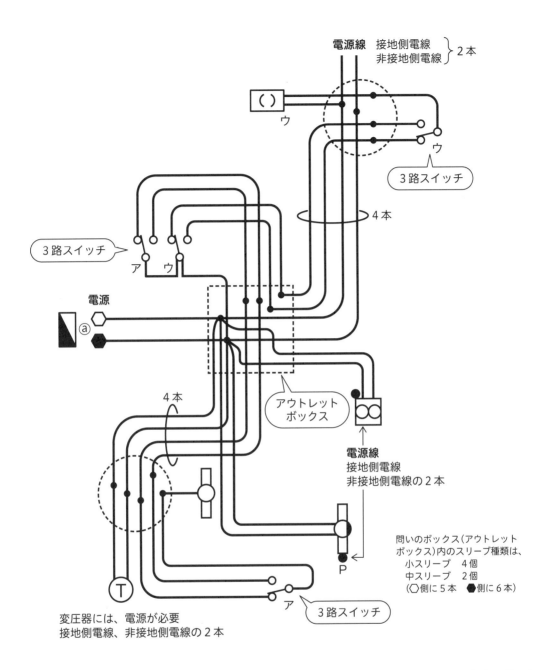

電源線　接地側電線
　　　　非接地側電線 } 2本

( )
ウ

3路スイッチ

ウ

4本

3路スイッチ

ア　ウ

電源

ⓐ

アウトレット
ボックス

4本

電源線
接地側電線
非接地側電線の2本

問いのボックス（アウトレット
ボックス）内のスリーブ種類は、
　小スリーブ　4個
　中スリーブ　2個
（○側に5本　●側に6本）

P

T

ア

3路スイッチ

変圧器には、電源が必要
接地側電線、非接地側電線の2本

　関係ない記号の機器は、書かなくてもよいです。例えば、アウトレットボックスの左上に「ア」
や「ウ」のスイッチがあるので、対応している蛍光灯や引掛シーリングなどを書きます。これで
問題のボックス部分に関係のある部分だけ切り出すことができました。

　あとは今までやってきたように、複線図を作成してみましょう。器具の数は多いですが、基
本は同じなので、1つずつ進めてみてください。複線図が書けたら、リングスリーブを選びま
す。答えは、ハの小スリーブ4個、中スリーブ2個になります。

合格へのポイント

合格へのポイント
コレをやったらダメ～！

リングスリーブ 編

（1）例1

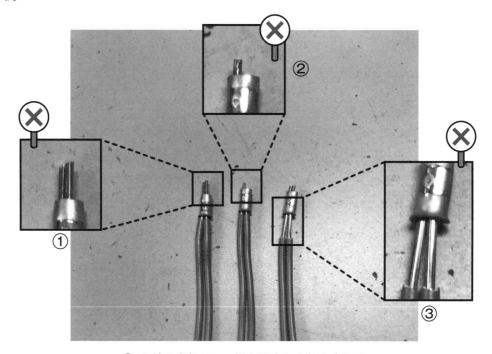

① 心線の上部5mm以上露出と上部の未処理
② 上部から心線がすべて見えていない
③ 心線の下部10mm以上露出

　すべてダメです。心線の露出し過ぎは欠陥の原因になります。上部からの露出は4mm以内、下部からの露出は9mm以内に収めるようにしましょう。また、上部を真横から見て、心線がすべて見えなければ欠陥となります。

(2) 例2

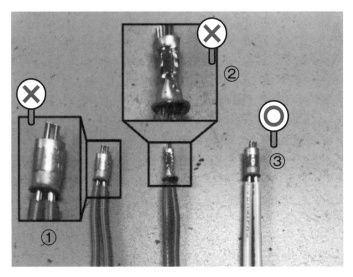

① 刻印（圧着マーク）が出ていない
② リングスリーブが破損している
③ 適切に圧着できている

　③以外はダメです。圧着のし忘れや２回以上圧着してしまうと欠陥の原因になります。③のように適切に圧着できるように練習しましょう。

　リングスリーブは比較的安く販売されているので、電線を短く切って練習するのもおススメです。

配線用遮断器 編

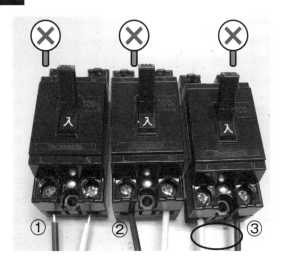

① 心線が５mm以上露出している、② 被覆を挟み込んでいる、③ 白と黒の極性が違う

リングスリーブと同じように、心線の露出などには気をつけたいですが、特に③のような極性間違いには注意してください。一見問題ないように見えてしまうので、L・Nの表示をきちんと見て確認しましょう。LはLive、非接地側、黒でNはNeutral、接地側、白です。

［おまけ］

　こちらは適切です。被覆を挟み込んでいないことを判定員にわかってもらえるように、心線を数mm露出させるとよいです。ただし、5mm以上露出しないように気をつけてください。

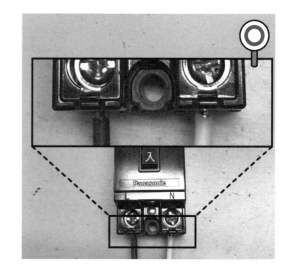

端子台 編

　端子台の場合の判定基準は台の端からの露出が5mm未満ならば欠陥になりません。少し余裕がありますが、露出し過ぎてしまうと欠陥になってしまうので、気をつけてください。

　　① 台の端から心線が5mm以上露出している
　　② 被覆を挟み込んでいる

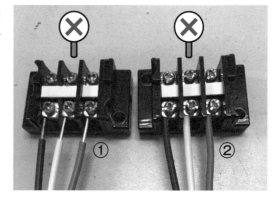

［おまけ］

　こちらは適切な例です。適切にできている場合は、裏面から見て心線が見えません。余裕があるときは裏面から確認してみてください。

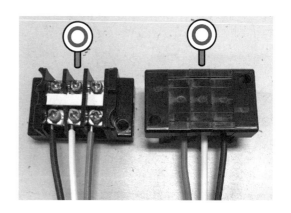

埋込器具 編

　露出は2mm未満と判定が厳しめですが、被覆を挟み込んでいることは欠陥にならないため、気持ち短めに被覆を剥ぐのがおススメです。

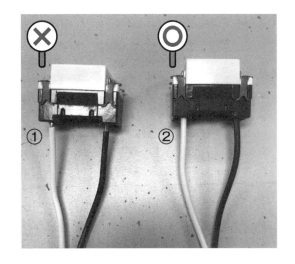

① 心線が2mm以上露出している
② 適切

引掛シーリング 編

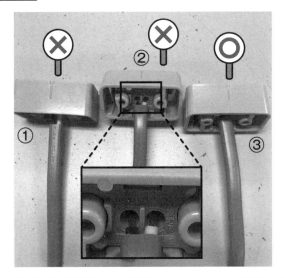

① 絶縁被覆が台座の下端から5mm以上露出している
② 心線が1mm以上露出している
③ 適切

　引掛シーリングは、心線が1mm以上露出すること、絶縁被覆が台座の下端から5mm以上露出してはいけないので、判定が厳しめです。よく確認するようにしてください。絶縁被覆の露出過多で不合格になる場合もあるそうです。

ランプレセプタクル 編

（1）例1

① 重ね巻きをしてしまっている、② 巻き付けが足りない

　心線は巻き付け過ぎても巻き付けが足りなくてもダメです。具体的には、3/4周以下だと巻き付け不足とみなされます。

（2）例2

① 心線が5mm以上露出している、② 左巻きになっている

心線がネジの端から5mm以上はみ出してはいけません。

ランプレセプタクルの心線の巻き方は「右巻き」です。接地側・非接地側関係なく、左巻きにはしないので注意してください。

(3) 例3

こちらも間違えている例です。どこが間違えているかわかりますか? 実は、白と黒（極性）が違います。黒（非接地側電線）は常に対地電圧がかかっているため、人の触れにくいところに配置します。ランプレセプタクルの場合も、容易に触れることができる外側の部分は接地側、触れにくい奥は非接地側が配置されます。「大福」など中が黒くて外が白いものを思い浮かべて覚えましょう。直流では、ACアダプターの接続部分や、車のシガーソケットなどで真ん中の人が触れにくい部分がプラスになっています。

(4) 例4

完成品がこちらです。

これまで紹介してきたように、ランプレセプタクルは間違えやすい項目が多いので、注意してください。

監修の
＜石井先生直伝—身近なものさし＞

電気工事士の実技試験は時間との勝負です。そのためには、線の長さを測る時間も短縮したいです。身近なものを活用し、見直しにかけられる時間を最大限増やして合格をつかみ取りましょう。身近なものというのは「自分の身体」です。手や指などの長さを覚えておけば、大まかな長さを把握するときに役立ちます。

3cm：指2本の幅

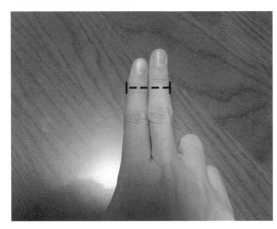

10cm：ジャンケンのグーの長さ

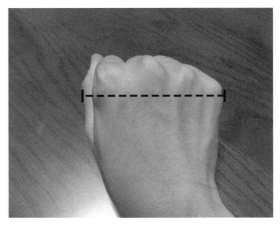

15cm：親指を立ててグッドの長さ

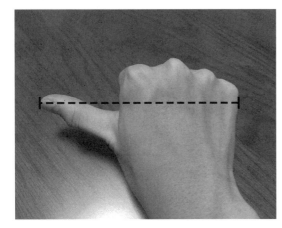

20cm：ジャンケンのパーの親指から小指

写真のモデルは成人男性

　手の大きさは、人によって個人差がありますが、実際の試験では、施工寸法の51%までは小さくなることが許されているので、多少の誤差は問題ありません。

【活用方法】

① 外装剥ぎ取り

　多くの器具は外装剥ぎ取り量が10cmなので、外装を剥ぎ取るときにサクッと10cm測ることができます。

② リングスリーブ、差込形コネクタ

　リングスリーブを使用する際、絶縁被覆を剥ぎ取るときに3cm測ることができます。

　差込形コネクタを使用するときは、指2本分の長さの絶縁被覆を剥いたあとに心線をペンチでカットすると12mmにすることができます。なぜなら、ペンチの厚みが差込形コネクタの差し込み部分の長さとぴったり同じだからです。

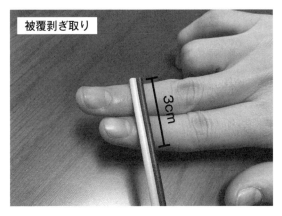
被覆剥ぎ取り

3cm

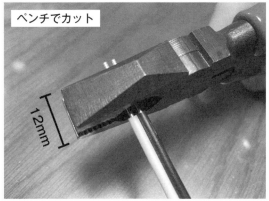
ペンチでカット

12mm

　このように、手や指などを使った計測方法はたくさんあります。アメリカなどで主に使われている「ヤードポンド法」の中にも身体の部位を単位にしたものがあります。ぜひ自分の身体を使って、時間短縮をしてください。

column

電車が止まる!?─地絡について

　この原稿を書いているときに、新幹線が停電で運休する事故がありました。ニュースで、事故の原因は「地絡」という現象によるものだと言っていました。本来、電線や回路は接地部分以外、絶縁されていて電気が地面に漏れないようになっていますが、想定外の場所で地面とつながってしまった状態になることを地絡といいます。

　例えば、凧が電線に引っかかって凧糸が地面に接触してしまったり、工事中のクレーンが誤って電線に接触してしまったりすることで起こります。また、電線を覆（おお）っている絶縁体が劣化などの原因で破損して、それが地面に接触することで起こることもあります。

　この新幹線の事故は、架線からパンタグラフを通じてモーターに電気が届くはずが、何らかの理由でどこかで電気が漏れて、それが車体を通じて地面に流れてしまったことが原因だと思います。地上の変電設備で発生する地絡もあります。電気工事をする際は、そうならないように電線の処理や回路だけでなく、電気が漏れたときに事故が起こらないように気をつかうことも大事だと思います。

　この事故は、電気を送る変電所で異常を感知したので、安全を確保するために送電が自動的に止まったようです。新幹線は多くの人が利用する乗りものです。電気を安全に使うために、こういった仕組みで守られているんですね。

電気工事士技能試験の工具

技能試験で使う工具は自分のものを持参する必要がありますが、初めて受験する人は何を用意すればいいのかわからないと思います。（一財）電気技術者試験センターでは、

- ペンチ
- ドライバー（プラス・マイナス）
- ナイフ
- スケール
- ウォータポンププライヤ
- リングスリーブ用圧着工具（JIS C 9711：1982・1990・1997 適合品）

を指定工具としており、持参が必須です。その他に、電動工具や計器類以外の工具であれば何でももち込むことができます。

指定工具と、僕がおススメする工具を以下に紹介します。

【指定工具】

● ペンチ

ペンチは、特に重要なポイントはありませんが、太めの心線も切ることが想定されている「電工ペンチ」と呼ばれるものをおススメします。

● ドライバー

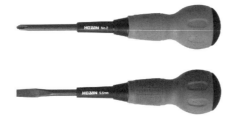

ドライバーは、プラス形状のものとマイナス形状のものを揃える必要があります。プラスは2番、マイナスは先端が5.5mmのものを選んでください。ホームセンターなどに行けば必ずあるので、もちやすさなど実際に触って選んでください。先端がマグネットになっていると、ネジを締めるときに使いやすいです。

●ナイフ

　ナイフといってもカッターナイフは NG です。こちらもペンチと同様、「電工ナイフ」と呼ばれるものをおススメします。主に電線の被覆を剥く際に使用します。ゴムブッシングの穴開けにも使用します。

●スケール

　スケールは、わかりやすく言うと定規です。電線の長さを測るときに使用します。巻き尺タイプもありますが、基本的に 50cm 以上は測らないので、机に貼り付けることができる、紙や布製のスケールをおススメします。

●ウォータポンププライヤ

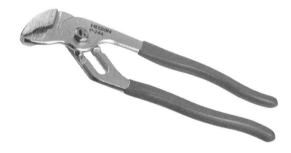

　ウォータポンププライヤは、ナットなどを固定するのに使用する工具です。使用するときに、力が回す力とつかむ力に分散するため、より大きな力で回すことができます。

●リングスリーブ用圧着工具（圧着ペンチ）

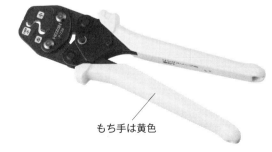

もち手は黄色

圧着ペンチは、リングスリーブを圧着するための工具です。リングスリーブで圧着すると、電線は電気的に接続されます。もち手は必ず**黄色**のものを選んでください。もち手がオレンジ色のものもありますが、そちらは別の工具なので、間違えて購入しないように注意してください。

【その他の工具】

●ワイヤーストリッパー
　（VVF ストリッパー）

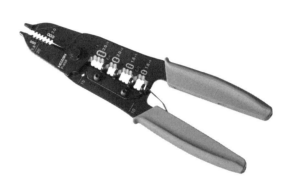

　ワイヤーストリッパーは必須と言っていいほど重要です。この工具は、VVF 電線の外装や絶縁被覆を剥ぐことができます。もちろん指定工具だけを使用して作成することもできます（ナイフを使用して、被覆などを剥くやり方があります）。でも、ストリッパーとナイフでは、かかる時間が格段に違うので、40 分という短い時間で完成させるためには、短縮できるところは徹底的に短縮することが必要です。もしストリッパーなしで 40 分以内に完成できるとしても、使用した方が余った時間を見直しに活用できるので、合格をより近いものにすることができます。

●合格ゲージ

　こちらは HOZAN オリジナルの P-925（左手用は P-925-L）という商品です。同社から販売されている VVF ストリッパー（P-958）に付けて使用すると、一発でストリップとカットの長さがわかるというものです。こちらもワイヤーストリッパーと同様、時間短縮のために便利です。

●合格マルチツール

　1つの工具で7つの作業をこなすことができるHOZANの万能ツールです。電線を外す、埋込連用枠への付け外し、ゴムブッシングの穴開け、ロックナットの付け外し、絶縁ブッシングの付け外し、ネジなし管の止めネジのネジ切り、リングスリーブの押し込みができます。特に1.6mmの線4本を小スリーブに押し込むのは大変なので、これを使うと少ない力で簡単にできます。

●合格クリップ

　こちらもHOZANから販売されている、電線を複数接続するときに電線をまとめておくためのクリップです。誤接続を防ぐことができます。

画像提供：ホーザン(株)

●両面テープ

山田化学(株)の「剥がせる両面粘着ゲルテープ」(一例)

　スケールを机に貼り付けておけばいつでも見ることができ、並べて電線の長さを確認できるので、とても便利です。貼り付けには、特にゲル状の両面テープをおススメします。強粘着でどこにでも貼り付けられて、剥がすこともできるのでぴったりです。

　工具は、試験に必要なものがまとめられてセットで売られていることもありますが、自分でホームセンターなどに行って触ってみて、使いやすそうなものを選ぶことをおススメします(とは言え、まだ何もわからなかった僕はセットを購入しました。必要なものが一気に揃うので、とても安心感がありました)。見た目がかっこいいという理由で選んでもOKです。自分で選ぶことでモチベーションアップにもつながります。ぜひお気に入りのものを見つけてください。

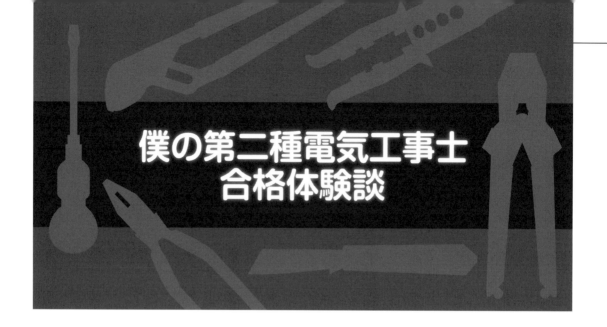

僕の第二種電気工事士
合格体験談

学科試験編

（1）一次試験に向けて

　僕が第二種電気工事士という資格を知って勉強を始めたのは小学4年生の冬でした。受験に年齢制限がないことと、この資格をもっていれば、電気に関するいろいろな作業をすることができ、もしかしたら僕も勉強すれば免状がもらえるのではないかと思ったからです。2011年3月11日の東日本大震災で歪(ゆが)んでしまった祖母の家のスイッチやコンセントを取り替えてあげたかったし、自宅のコンセントの増設、USBコンセント設置とか、やりたいことがたくさんありました。僕は中学受験をする予定だったので、小学5年生の夏（上期）の試験が、最初で最後の挑戦だと両親と約束しました。

　まず母がテキストを買ってくれました。マンガで学べるテキストと、ちょっと専門的なテキストの2冊です。学科の勉強をするより実技の勉強がしたくて仕方がなかったのですが、両親が僕に試練を与えました。「一次試験の過去問で合格点を取れるようになったら、必要な工具のセットと練習用の電線、機器を買ってあげる」と。

　学科試験は覚えることが多かったのですが、技能試験につながるところも多いので単語カードを利用するなどしました。テキストに鑑別問題の対策で配線器具、材料、工具の名前、図記号、形、使い方の一覧があったので、わかるところから覚えていきました。普段の生活でなじみのあるものからどんどん覚えました。

　法令や電気の基礎理論(計算問題)は、実際の工事がイメージできなくて苦労しました。公式を覚えても使い方がわからなかったからです。テキストにはたくさんの公式がありました。な

んとなくはわかるけど、やっぱりわからない…。仕方がないので、過去問で傾向を頭に叩き込んで数字を出しました。過去問では、最初の10問が計算問題です。計算問題以外、全問正解でも合格点に達するのですが、計算問題以外の正解率に自信がなくて、最後まで基礎理論は勉強していました。これから学校で物理を学習したときに、漠然としていた学びを再確認できるのではないかと思います。

　過去問は、一般財団法人電気技術者試験センターのサイトからダウンロードして何度も取り組みました。最初は30点も取れなかったけれど、だんだん合格基準点に近い点数が取れるようになりました。過去の問題と解答を丸暗記するのではなく、テキストと照らし合わせながら学んでいきました。
　また、無料のアプリを使って隙間時間に過去問を解きました。母のスマホに無料アプリをダウンロードしてもらい、夜寝る前などに母にスマホを借りて取り組んでいましたが、1問答えるごとに「ピンポーン！」、「ブブーッ！」と音がなり、よく母に「間違えてるよ～」とからかわれるので、結構必死でした。無料アプリなので広告が出ますが、問題文と正解・不正解がわかればいいので、よく利用しました。両親は電気関係の仕事をしていないし、周りに教えてもらえる人がいなかったので、電気工事士の試験について書かれているWEBサイトや動画などが参考になりました。

　一次試験（学科）の勉強に少し自信がもてたとき、工具セットを買ってもらいました。二次試験（技能）の練習を始められることが、とにかくうれしかったです。学科試験の最後に、単線図から複線図に起こして答える問題があります。リングスリーブの数と大きさを解答するなど、アウトレットボックスの中の配線がわからないと答えられない問題です。単線図から複線図への起こし方は一次でも使うので、技能の勉強を始める前に覚えておく必要がありました。

(2) 一次試験（学科）当日
　試験会場は自宅から遠い大学構内でした。大学の広さにもびっくりしましたが、たくさんの人が試験を受けに来ていることにもびっくりしました。みんなが電気工事士の資格を取りたいんだなと思いました。大人の人がほとんどで、スーツを着ている人、作業服を着ている人、女の人、高校生みたいな制服を着ている人で、小学生はいなかったのですが、受験票をもち、そして自信をもって試験に挑みました。
　試験が終わったあとの自己採点で、例年の合格基準点をクリアしていたので、ホッとしましたが、やっぱり合否の通知が来るまではドキドキしていました（本当は自信がありました（笑））。

▶僕の勉強方法のまとめ
・計算が必要なものは、後回しにした。
・器具の名前は単語帳を作って覚えたり、テキストの写真や記号をコピーしてノートにまとめたりした。
・無料アプリやテキスト（本）などを利用して過去問を解いた。

技能試験編

（1）いざ！二次試験に向けて

電気工事士の試験を受けるための一般的な工具セットを選びました。技能試験練習用の電線器具のセットは2回分です。ホームセンターなどで必要な工具を買う選択肢もあったのですが、何もかもが初めてなので、インターネットでまとめて両親に購入してもらいました。

＜僕の工具＞
・プラスドライバー　　・ワイヤストリッパー　　・ウォータポンププライヤ
・マイナスドライバー　・圧着ペンチ　　　　　　・メジャー
・ペンチ　　　　　　　・電工ナイフ

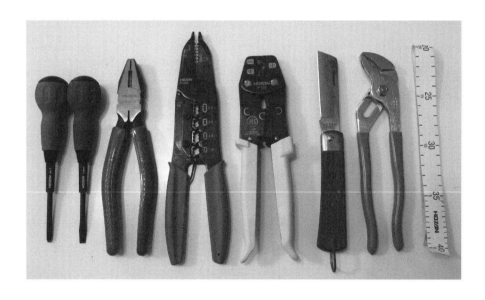

とにかく課題に挑戦したくてしょうがなかったです。電気工事士の技能試験は、事前公表されている13問のうちから1問出題されます。課題が時間内に美しくできていれば、試験に合格できるはずです。

最初に、練習で時間を計って取り組んだとき、制限時間の 40 分内に作り上げることができず、がっかりしました。さらには圧着ペンチでリングスリーブをかしめることが難しく、テーブルに自分の体重をかけて、かしめる技を考えました。何度か練習を進めていくうちに時間内に作業できるようになりました。この頃は、単線図から複線図に起こすことはスムーズにできていたと思います。でも、作業が時間内にできるようになると、新たな不安が込み上げてきました。

　…これでいいのかな？

　でき上がったものが正しく作れているのか、自分で判断するしかなかったんです。両親に聞いてもわからず、テキストや動画を見比べてみて、自分では OK だけど、試験官が見たら欠陥があるかもしれない、と不安でした。そんな不安を両親に相談したら、父が地域の専門学校で、電気工事士の試験対策の講習会が短期で行われることを調べてくれました。そして、専門学校に連絡をしてくれたのですが、「働く人向けの講座なので、小学生は受け入れていません」と断られたそうです。

　自分でやるしかないと思いました。丁寧に素早く、きれいに課題を作り、欠陥の基準もしっかり頭に叩き込みました。No.1 〜 13 の課題を作っては崩し、作っては崩しの繰り返しでしたが、筆記の勉強をするより、すごく楽しかったです。

小学5年生のときの様子
左：母（時間計測係）の目の前に座って技能試験の練習（机の上を散らかしすぎると母に怒られた）
右：何度も過去問を解く

　比較的簡単な課題からアウトレットボックスなどの器具を多く使う課題まで、どの問題が出るか運次第なのですが、何度もやっていくうちに、材料を見ればどの課題なのかわかるようになり、試験当日も技能試験が始まる前に、どの課題が出題されたかわかったし、手順をシミュレーションできました。

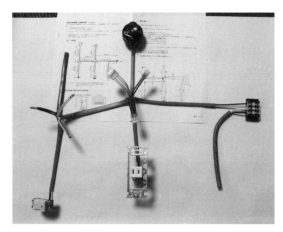

接続部分はいつも見やすく！

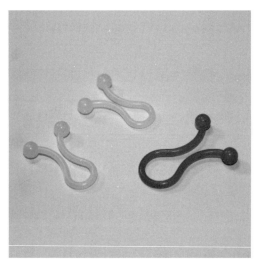
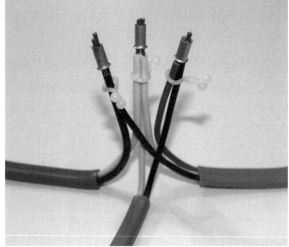

リングスリーブ圧着時はクリップを使うとよい

（2）二次試験（技能）当日

　実際に試験に出た課題は、これまで練習してきた中でも得意なものでした。制限時間を最後まで使って課題に取り組んで、欠陥があるかどうかもチェックしました。試験が終わったあとに、完成品に名前と受験番号を書いた札をつけて、1人ずつ退出しました。試験が終わったあとには、周りの人の様子を少し見ることができました。

▶僕の勉強方法のまとめ

- 電工ナイフも必要だけれど、ストリッパーを使うと時間が短縮できることを覚えた。
- ケーブルを接続するときにクリップでまとめると、特にリングスリーブを使うときにやりやすい。
- 2本から3本の線を接続するには白色のクリップが便利。クリップで束ねて置いてリングスリーブを被せると、圧着するときも線同士が離れにくい。
- 大きい圧着ペンチもあるけれど、試験では小・中のリングスリーブしか使わないので、もちやすい小さいものを使用。

資格を取得したあと

　二次試験（技能）の合格通知をもらったとき、飛び上がるくらいうれしかった、というより、とにかく"よかった～"と思いました。合格したあとの免状交付の手続きは母がしてくれました。手元に免状が届くまで電気工事士になった実感がわかなかったけれど、みんなが「すごいね！」とびっくりしていました。

　免状が届いたあと、祖母の家のスイッチを使いやすい大きいものに変えました。祖母は「琉音はすごいね。ありがとう、ありがとう」と言ってくれて、うれしかったです。そして、自宅のコンセントの増設もしました。父と一緒に壁に穴を開けたりするのは、ちょっとドキドキしたけど、USBコンセントも設置することができました。検電器を用いて安全に気をつけて作業しました。試験と実際の作業はまったく違うので緊張しました。

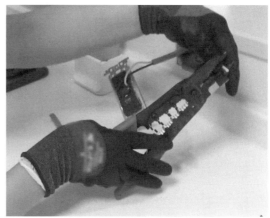

自宅のコンセントを増設しているところ

現役中学生が書いた第二種電気工事士複線図ステップ学習術

2023 年 6 月 23 日　　　第 1 版第 1 刷発行

監 修 者　石井義幸
著　　者　浅沼琉音
発 行 者　村上和夫
発 行 所　株式会社 オーム社
　　　　　郵便番号　101-8460
　　　　　東京都千代田区神田錦町 3-1
　　　　　電話　03(3233)0641（代表）
　　　　　URL　https://www.ohmsha.co.jp/

© 石井義幸・浅沼琉音 2023

組版　アトリエ渋谷　　印刷・製本　三美印刷
ISBN978-4-274-23072-1　Printed in Japan

本書の感想募集　https://www.ohmsha.co.jp/kansou/
本書をお読みになった感想を上記サイトまでお寄せください。
お寄せいただいた方には、抽選でプレゼントを差し上げます。